ハンディ機

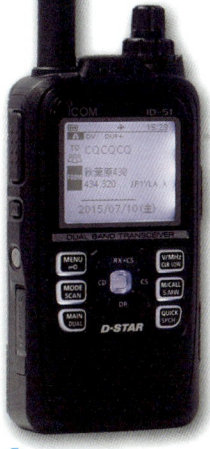

固定機

ID-31
技術基準適合証明機種
GPSレシーバ内蔵 430MHz
デジタル・トランシーバ
希望小売価格：35,800円+税

ID-51
技術基準適合証明機種
GPSレシーバ内蔵
144/430MHz デュアルバンド
デジタル・トランシーバ
希望小売価格：54,800円+税

IC-9100
技術基準適合証明機種
HF+50MHz+144MHz+430MHz+(1200MHz)
SSB, CW, RTTY, AM, FM, DV
100Wトランシーバ(50W IC-9100M)
1200MHzはオプションのUX-9100が必要(技適対象外)
希望小売価格：298,000円+税

D-STAR無線機の特徴を徹底検証

モービル機

固定機

ID-5100
技術基準適合証明機種
144/430MHz　デュアルバンド デジタル20Wトランシーバ(50W ID-5100D)
希望小売価格：20W機 79,800円 +税, 50W機 84,800円 +税

IC-7100
技術基準適合証明機種
HF+50MHz+144MHz+430MHz　SSB, CW, RTTY, AM, FM, DV
100Wトランシーバ(50W IC-7100M, 20W IC-7100S)
希望小売価格：158,000円+税

D-STAR通信がすぐわかる本 | 1

ハンディ機

GPSレシーバ内蔵 430MHz デジタル・トランシーバ

ID-31

ID-31はGPSレシーバ内蔵のD-STARトランシーバ．DV（デジタル・ボイス）とD-STARレピータを使って，全国各地はもとより海外とのレピータとの接続交信も楽しめる．ID-31から採用された「DR」キーは，各地のレピータをメモリから呼び出し，さらに接続方法も簡単に設定できるようになり，D-STAR運用を手軽にした．

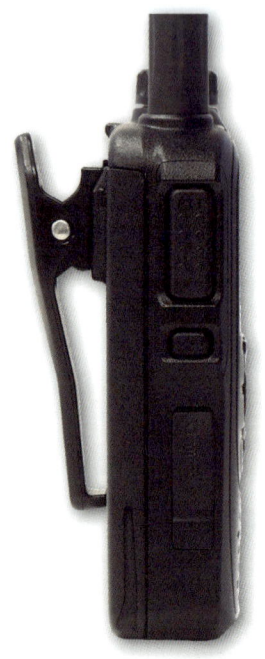

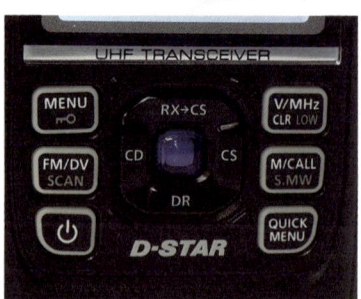

本体中央の十字キーはD-STARレピータなどの設定を簡単にした

高精度GPSレシーバ内蔵でD-PRSも楽しめる

micro SDスロット装備で大容量のデータにも対応

D-STAR無線機の特徴を徹底検証

GPSレシーバ内蔵　144/430MHz デュアルバンド デジタル・トランシーバ
ID-51

ID-51はGPSレシーバ内蔵のD-STARトランシーバ．ID-31の特徴や機能をそのまま受け継ぎ，144MHzバンドを追加．V/Uだけでなく，V/V，U/Uの同時受信が可能となり，どちらの周波数でも待ち受けできる．デュアルバンド対応となり，しかもGPSを内蔵しながら幅58.0×高さ105.4×奥行き26.4mmというコンパクトなボディを実現．
受信機能として，AM/FMラジオ，エアバンドの受信が可能となっており，移動先での情報収集にも役立つ．

AM/FMラジオ，エアバンドの受信が可能

ID-51（左）とID-31（右）の大きさの違いはわずかしかない

D-STAR通信がすぐわかる本 | III

モービル機

144/430MHz　デュアルバンド デジタル・トランシーバ

ID-5100 （50W　ID-5100D）

直観的な操作を可能にするタッチ・パネルの採用で，各種操作や設定の変更がスピーディになり，多彩な機能をスムーズに使いこなせる．キーボード表示として入力もできる．FM-FM，FM-DVは2波同時受信が可能．さらにDV-DVの2波同時待ち受けにも対応．また，搭載のGPSユニットは，高精度の測位を可能にする「みちびき」に対応した新エンジンを採用．このデータから直近のD-STAR，アナログ・レピータを瞬時に呼び出すことができる．
DVモードは通常のデータ通信機能に加え，Fastデータ通信機能を装備．通常の約3.5倍の速度でデータ通信が可能．これにより画像の転送よりスムーズに行える．
オプションのBluetoothユニットを装着すれば，ワイヤレスでヘッドセットや画像伝送時のスマートフォンやタブレットの接続ができる．

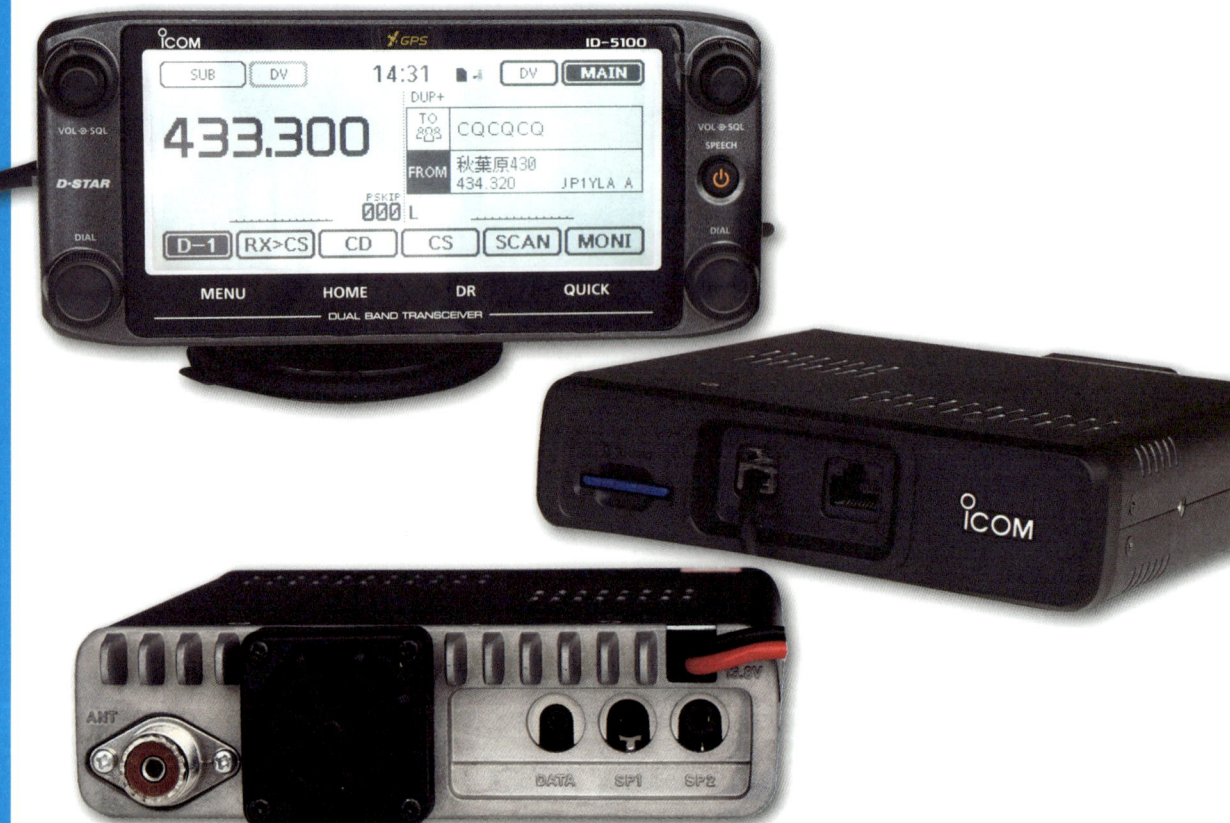

IV　D-STAR通信がすぐわかる本

D-STAR無線機の特徴を徹底検証

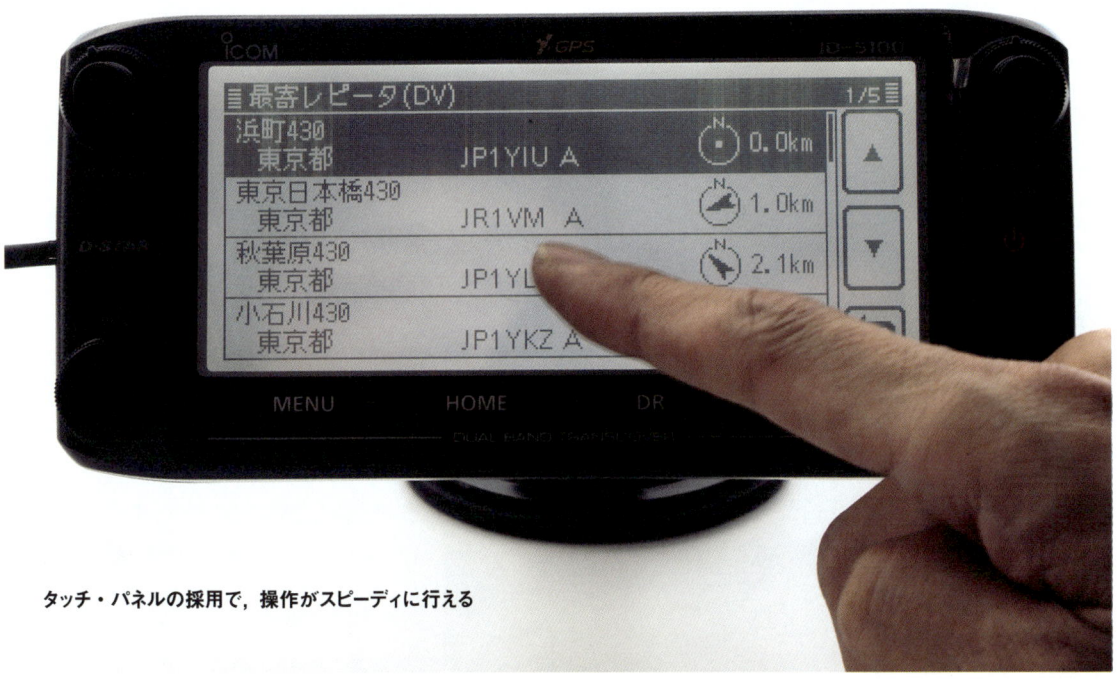

タッチ・パネルの採用で，操作がスピーディに行える

吸盤式MBF-1モービル・マウントで取り付け場所が自由に選べる

Bluetoothユニットを装着すると，ワイヤレスでのヘッドセット使用やスマートフォンなどの外部端末との接続が可能になる

固定機

HF＋50MHz＋144MHz＋430MHz
SSB，CW，RTTY，AM，FM，DV　100Wトランシーバ

IC-7100 （50W IC-7100M，20W IC-7100S）

IC-7100は操作部をセパレート化し，タッチ・パネル方式にしたHF～430MHzのオールモード・トランシーバで，D-STARにも対応している．ここでは固定機として紹介しているが，モービル機としても使える50WタイプのIC-7100Mも用意されている．
コントローラにはスピーカが内蔵され，またマイクロホン，エレキー，スピーカ端子なども装備されている．このため，コントローラを手元に置いて運用できるようになっている．このように固定機，モービル機ともに使えるのがIC-7100の特徴だ．
HF運用が可能なため，28MHzおよび50MHzでのD-STAR DVモードの運用が可能になり，デジタル音声通信による海外交信も可能になった．

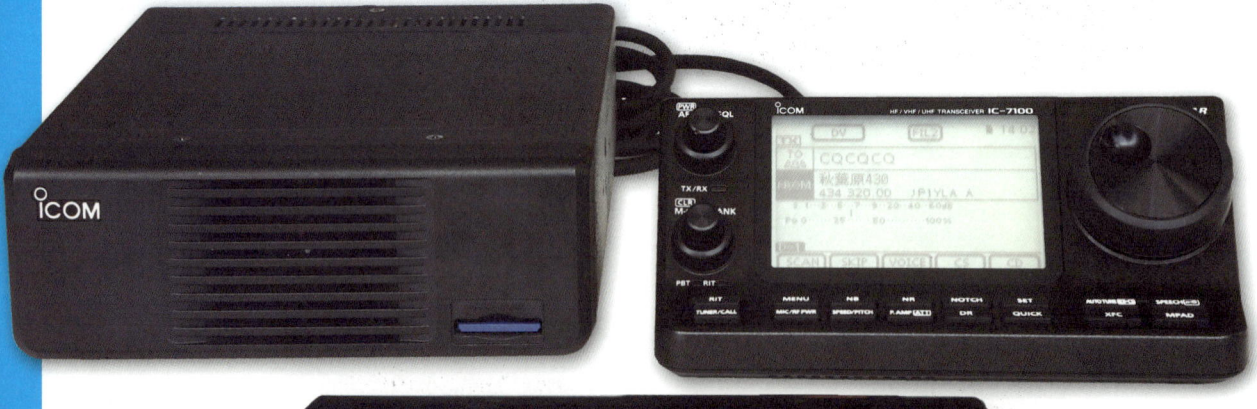

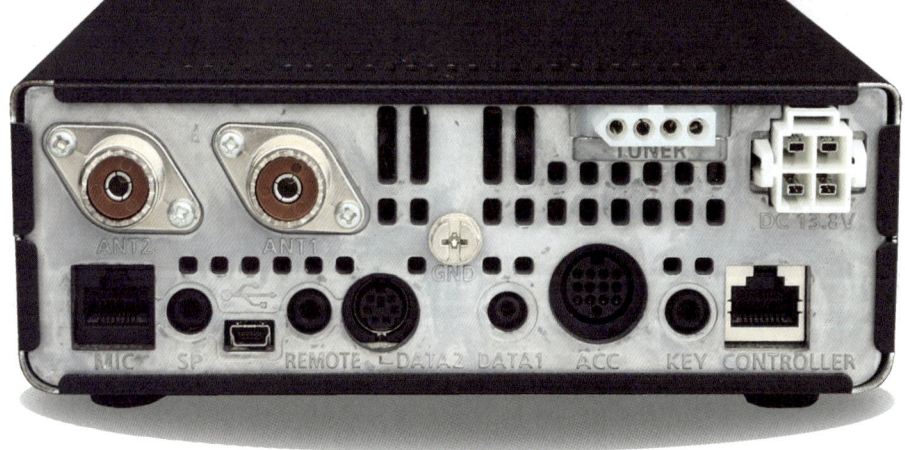

D-STAR無線機の特徴を徹底検証

DVモードもタッチ・パネルから設定できる

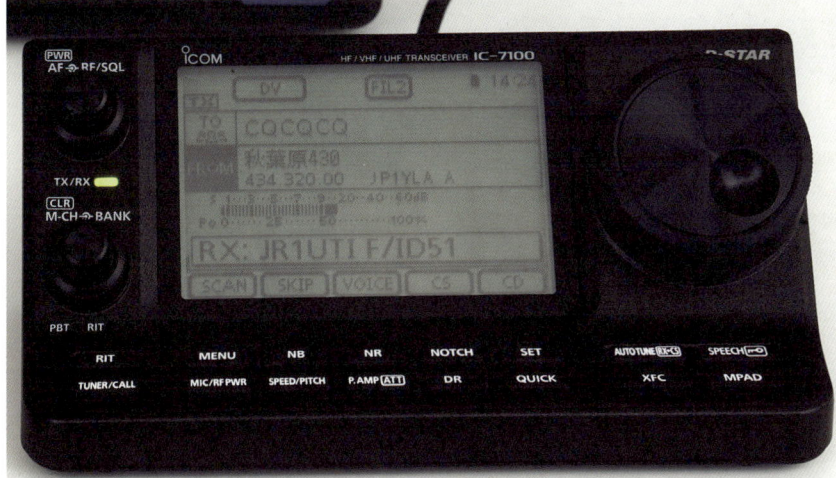

◀ 大型の表示はメッセージも大きく表示され，読みやすい

▶ 大容量のデータ保存に対応できるSDカードスロットを装備．レピータ・リストの更新やクローニング時にも活用できる

固定機

HF＋50MHz＋144MHz＋430MHz＋（1200MHz）
SSB,CW,RTTY,AM,FM,DV100Wトランシーバ

IC-9100 （50W　IC-9100M,1200MHzはオプションの UX-9100が必要.技適対象外となる）

IC-9100はHF～430MHzまでのオールバンド，オールモード・トランシーバの固定機として高い性能を誇ることはもちろん，28～430MHzまではD-STAR DVモードにも対応し，デジタル通信トランシーバとしても運用することが可能．また，本機はオプションのUX-9100 1200MHzユニットを装着することで，1200MHzバンドにも対応することができる(UX-9100装着時は技適対象外となる)．これにより，1200MHzバンドでもDVモードが運用できるようになる．
高級機に採用されている32ビット浮動小数点DSP&24ビットAD・DAコンバータを搭載，変復調，IFフィルタ，ツインPBT，マニュアル・ノッチなど各種機能に加え，RTTY用デモジュレータ&デコーダなどもデジタル処理．HF帯にも十分な備えとなっている．

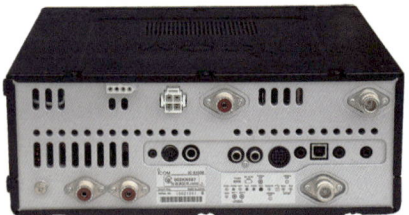

UX-9100オプション・ユニットの装着で，1200MHzでもDVモードでのデジタル音声通信が可能となる．1200MHzは比較的閑散としているので，各種通信実験にも最適

DVモード表示もディスプレイで確認できる

アマチュア無線運用シリーズ

D-STAR通信が すぐわかる本

日本のアマチュア・デジタル通信 標準方式

JR1UTI 藤田 孝司 [著]

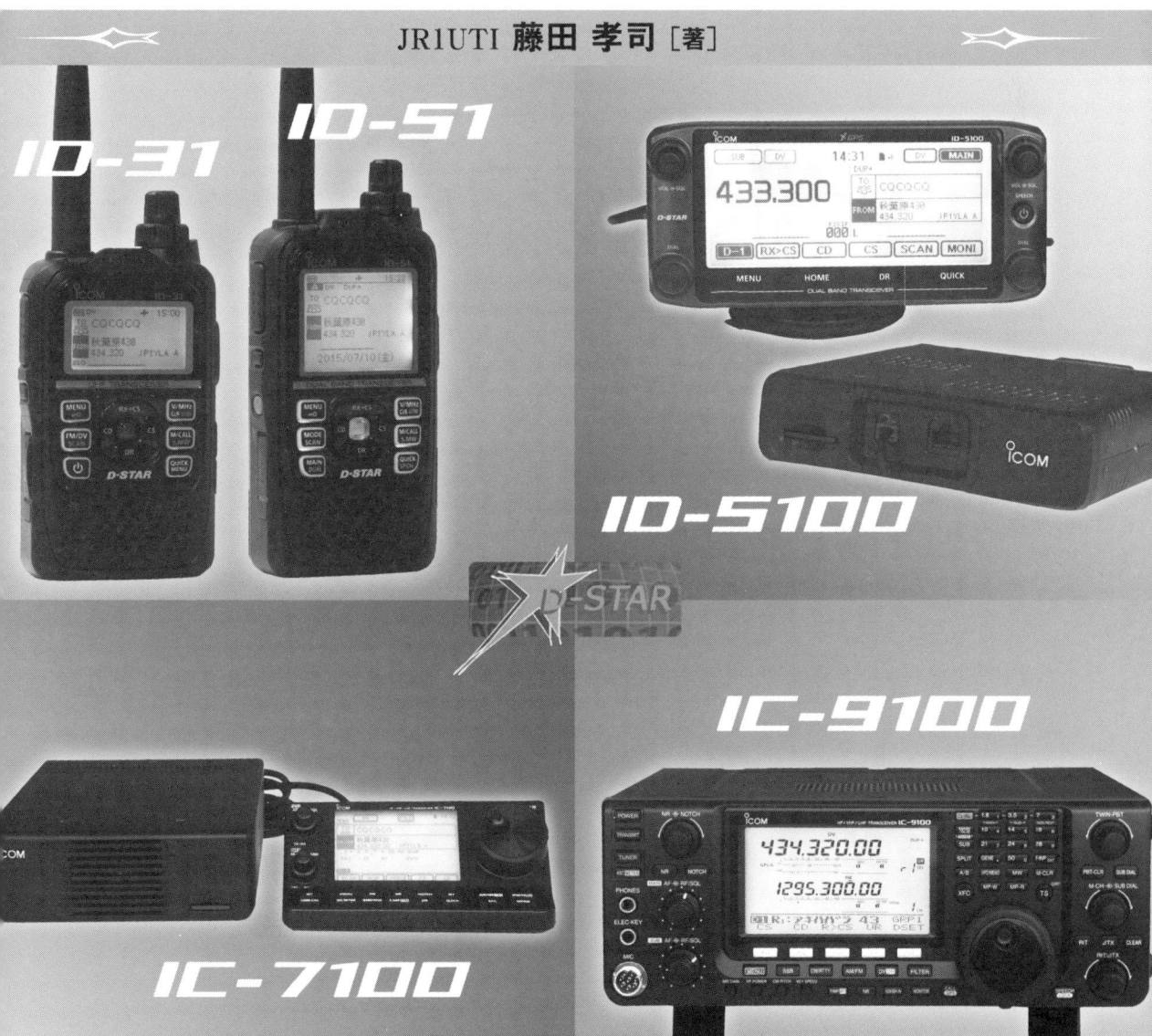

ID-31　ID-51　ID-5100　IC-9100　IC-7100

CQ出版社

はじめに

　D-STARはアマチュア無線のデジタル通信の標準方式として開発されました．無線機が発売されて運用が始まった当初は「D-STARって何なのだろう」とか「D-STARは難しくてわからない」などの声を多く聞きました．実はそのとおりで筆者もそうでした．D-STARはアナログ(FM)と何が違うのとか，レピータを使うときは無線機に設定が必要でその意味がわからない，操作が複雑で設定ができない，理解できないなどがありました．また，D-STARという言葉も知らないということもありました．情報も少なかったことも原因になっていたかもしれません．

　しかしここ数年でD-STARはずいぶん普及しました．その理由は，D-STARレピータが劇的に増加したこと，それにつれて使い方講習会が各地で開催されるようになり，雑誌などの記事に取り上げられることも多くなって情報量も増えました．さらに無線機の操作が簡単になって難しい設定をしなくてもすぐに使えるようになったことが，普及につながった一番の理由と思います．D-STARレピータを利用するためには管理サーバにコールサインの登録が必要ですが，今では登録している局は1万局以上に及びます．レピータをワッチしていても何も聞こえないとか，交信相手がいないということもなくなりました．

　また，D-STARはレピータありきではありません．デジタルの呼出周波数もJARL推奨周波数として追記されたこともあって，シンプレックスでも運用しやすくなりました．無線機はD-STAR専用機というものはありません．すべてのD-STAR対応無線機にはFMモードが付いています．FMで運用するかたわらでもよいので，D-STARの音声通信モードのDV(デジタルボイス)に切り替えて電波を出してみてください．アナログとは違うデジタルの世界が経験できます．

　これからもD-STAR運用局は多くなりレピータ局も増加することは間違いありません．本書は，筆者がD-STAR講習会で説明した内容や便利な使い方，面白い使い方，そして新しい機能などをまとめたものです．

　皆さんのD-STAR運用に少しでもお役に立てばと思います．

2015年8月　**JR1UTI** 藤田 孝司

もくじ

D-STAR無線機の特徴を徹底検証 ··· I
ハンディ機　ID-31/ID-51 ··· II
モービル機　ID-5100 ··· IV
固定機　　　IC-7100 ··· VI
固定機　　　IC-9100 ··· VIII

はじめに ··· 2

第1章　D-STAR通信を始めよう ·· 6

1-1　D-STARとは? ·· 6
　　　　D-STARの概要 ·· 6
　　　　D-STARの特徴 ·· 7
　　　　D-STARで使う用語 ·· 8
1-2　無線機と免許申請 ··· 9
　　　　無線機を選ぼう ··· 9
　　　　無線局免許の申請 ·· 10
1-3　D-STAR通信の準備 ·· 12
　　　　管理サーバに自局のコールサインの登録 ··························· 12
　　　　無線機に自局のコールサインの設定 ······························· 16
　　　　クローニング・ソフトとSDカードの使い方 ·························· 18
1-4　交信してみよう ·· 21
　　　　交信の基本　シンプレックス通信 ································· 21
　　　　　●設定と運用周波数 ·· 21
　　　　　●シンプレックスでの運用 ······································ 22
　　　　レピータを使用する交信 ··· 23
　　　　　●レピータを使用するときの設定 ································ 24
　　　　　●430MHzと1200MHzの相互通信 ································ 26
　　　　　●DR機能でレピータ通信の簡単設定 ······························ 29
　　　　　●レピータを1局だけ使用する交信（山かけ） ······················ 29
　　　　　●レピータを2局使用する交信（ゲート越え） ······················ 31
　　　　　●コールサイン指定呼出 ·· 33
　　　　　●応答するときの操作 ·· 35
　　　　　●レピータを使用するときの注意 ································ 35
　　　　いろいろな機能を使った交信 ····································· 36
　　　　　●メッセージの付加機能 ·· 36
　　　　　●GPSの使用と位置情報 ·· 37
　　　　　●自動応答機能 ·· 46
　　　　　●簡易データ通信機能 ·· 46
　　　　　●画像伝送と文字通信 ·· 47
　　　　　●無線機とAndroid端末のつなぎ方と設定のポイント ················ 48
　　　　　●画像伝送の検証内容 ·· 48
　　　　　●機種ごとの説明 ·· 49
　　　　ロールコールやコンテストでD-STAR通信を楽しむ ·················· 52
　　　　　●シンプレックス・ロールコール ································ 52
　　　　　●レピータでのロールコール① ·································· 52
　　　　　●レピータでのロールコール② ·································· 53
　　　　　●D-STARコンテスト ··· 53
　　　　HF & 50MHzでD-STAR通信を楽しむ ······························· 54
1-5　D-STARレピータ局を立ち上げる ··································· 54
　　　　レピータ局の現状と開設に必要な条件 ····························· 54
　　　　レピータ局の例 ·· 56
　　　　　●入間レピータ ·· 56
　　　　　●堂平山レピータ ·· 56

もくじ

　　　コラム❶　レピータの識別 ･･ 25
　　　コラム❷　アシスト接続とゾーン・エリア ････････････････････････ 27
　　　コラム❸　設定項目やメッセージなど機種による表示の違い ･･････ 34

第2章　D-STAR無線機使いこなしガイド ････････････････････････ 58

2-1　ハンディ機使いこなしガイド　ID-31/ID-51/ID-51PLUS—共通編 ･･ 58
　　　受信した局のコールサイン読み上げ ･･････････････････････････････ 58
　　　自局宛て呼び出し音の設定 ･･ 59
　　　シンプレックス周波数のメモリ ････････････････････････････････････ 60
　　　個人コールサインの登録 ･･ 60
　　　内蔵時計の自動時刻合わせ ･･ 61
　　　オート・パワーオフ ･･ 61
　　　電源供給 ･･ 62
　　　　●バッテリ・パックと充電器 ･･･････････････････････････････････ 63
　　　　●外部電源 ･･･ 63
　　　アンテナ ･･ 64
　　　家や車で使う ･･ 64

2-2　ID-51，ID-51PLUS編　トリプルバンド機として楽しむ ･･････････ 65
　　　ラジオ受信 ･･･ 66
　　　　●音量の設定 ･･･ 67

2-3　モービル機使いこなしガイド　ID-5100を使う ････････････････ 68
　　　無線機の取り付け ･･･ 68
　　　本体とコントローラの接続 ･･･････････････････････････････････････ 68
　　　マイクロホン ･･･ 69
　　　アンテナと電源の配線 ･･ 69
　　　コントローラの取り付け位置 ･････････････････････････････････････ 69
　　　無線機のお勧め設定 ･･ 69
　　　　●スピーチ設定 ･･ 69
　　　　●サウンド設定 ･･ 70
　　　ディスプレイ設定 ･･･ 72
　　　　●夜間設定機能 ･･ 72
　　　　●時間設定 ･･ 73
　　　デュアル表示の組み合わせ例 ･････････････････････････････････････ 73
　　　　●D-STARだけの運用 ･･ 73
　　　　●D-STARとFMを運用 ･･･ 74

2-4　固定機使いこなしガイド　IC-9100を使う ････････････････････ 75
　　　IC-9100でのD-STARの操作 ･･････････････････････････････････････ 75
　　　　●DR機能の操作のコツ ･･･････････････････････････････････････ 75
　　　固定運用時のレピータ利用のポイント ････････････････････････････ 77
　　　　●アンテナの選択と地上高 ･･･････････････････････････････････ 77
　　　　●パワー調整 ･･ 78
　　　IC-9100のお勧め設定 ･･･ 78
　　　　●設定の変更 ･･ 78
　　　　●フィルタ ･･ 79

2-5　D-STARを便利に使う技あり設定 ･････････････････････････････ 79
　　　相手局コールサインとレピータ・リストを無線機に直接設定する方法 ･･ 79
　　　　●相手局コールサイン ･･ 79
　　　　●設定操作の流れ ･･･ 79
　　　レピータ・リスト ･･･ 81
　　　　●レピータを登録する ･･ 81

もくじ

- ・シンプレックスの周波数を登録する ･････････････････････････････････････ 83
- 文字入力の基本操作 ･･･ 84
  - ・ID-31，ID-51，ID-51PLUSの操作例 ････････････････････････････････ 84
  - ・ID-5100，IC-7100の操作例 ･･････････････････････････････････････ 84

2-6 周辺機器との組み合わせ例（オプションの選択） ･･･････････････････ 86
- ハンディ機 ･･･ 86
  - ・バッテリ・パックで運用時間の延長 ････････････････････････････････ 86
  - ・充電と充電時間の短縮 ･･ 86
  - ・外部電源ケーブルの使用 ･･ 86
  - ・外部マイクロホン ･･ 87
  - ・無線機の保護 ･･ 87
  - ・お勧めのハンディ機オプション組み合わせ ････････････････････････ 88
- モービル機 ･･･ 88
  - ・車載用マウント・ブラケット ･･････････････････････････････････････ 88
  - ・延長ケーブル ･･ 89
  - ・ID-5100用Bluetooth関係 ･･････････････････････････････････････ 90
- 固定機 ･･･ 90
- そのほかのオプション ･･･ 90
- コラム❹　D-STARレピータのダブル・アクセス ･･･････････････････ 77

第3章　D-STAR運用を楽しもう ･･･････････････････････････････････････ 92

3-1 ハンディ機で楽しむD-STAR　東京—福岡 新幹線アクセス情報付き ･････ 92
- 常置場所でも移動でもハンディ機でD-STAR ･････････････････････ 92
- 新幹線でD-STAR ･･･ 93
- 博多→小倉 ･･･ 94
- 小倉→広島 ･･･ 94
- 広島→岡山 ･･･ 95
- 岡山→新神戸 ･･･ 96
- 新神戸→新大阪 ･･･ 96
- 新大阪→京都 ･･･ 96
- 京都→名古屋 ･･･ 96
- 名古屋→新横浜 ･･･ 97
- 新横浜→品川 ･･･ 98
- 品川→東京 ･･･ 98
- 福岡—東京 新幹線D-STARアクセス座席選び ･････････････････････ 98
  - ・新幹線に乗車の人を追いかけるときは? ････････････････････････････ 98

3-2 モービルで楽しむD-STAR ･･･････････････････････････････････････ 100
3-3 固定で楽しむD-STAR ･･ 102
3-4 レピータ局を設置する　埼玉県・堂平山D-STARレピータ ･･･････ 104
- きっかけ ･･･ 104
- ときがわ町と交渉 ･･･ 104
- 役場からの返事 ･･･ 105
- いよいよ工事開始 ･･･ 105
- お楽しみもあるんです ･･･ 106
- 免許，そして開局 ･･･ 107
- おわりに ･･･ 107

第4章　D-STAR資料編 ･･･ 108

4-1 D-STARレピータ・リスト―― DVモード ･････････････････････ 108
4-2 D-STAR I-GATE運用局リスト ･･････････････････････････････････ 113
4-3 D-STARの運用指針 ･･ 115
- コラム❺　RSレポートとQSLカードの書き方 ････････････････････ 112
- コラム❻　DPRSとAPRSについて ･･･････････････････････････････ 114

索引 ･･････････････････････････････ 124　　著者プロフィール ･･････････････････ 127

第1章
D-STAR通信を始めよう

 **1-1　D-STARとは?**

D-STARの概要

　Digital Smart Technologies for Amateur Radioの略で，一般社団法人 日本アマチュア無線連盟（JARL）が開発・推進するアマチュア無線のデジタル通信の標準規格です．音声通信やデータ通信を「デジタル方式」で行う通信方式で，音声通信をDV（Digital Voice），データ通信をDD（Digital Data）と呼ぶ二つのモードがあります．

　DDモードはインターネットと融合性があり，無線機にパソコンを接続してパソコン間のデータ交換やWebページの閲覧などができます．一般的な無線LANを高出力・超広域にしたイメージです．DDモードは，占有周波数帯幅が150kHzと広いため1200MHz帯を使用します．

　D-STARが開始されたころはDDモードでのデジタル・データ通信が主流でしたが，430MHz帯DVモード搭載の無線機が発売されたこと，操作が簡単で使い勝手の良い無線機に進化したこと，さらにレピータというインフラ整備も進んでいますので，現在の主流はDVモードでの音声通信になっています．さらに，機能が拡張されてDVモードで画像伝送が可能になりました．スマートフォンやタブレット（2015年7月現在，Android4.0以上のみに対応）を無線機に接続して，あらかじめ用意した画像やその場で撮った写真を，音声通信を行いながら伝送することができます．

　また，アマチュア無線のデジタル方式レピータは，D-STARだけが許可されています．レピータは複数のレピータ局がインターネットで接続されてシステム化されています．レピータの中にはアシスト・レピータという装置で複数のレピータ局間を無線で接続してグループ化を行い，グループ単位でインターネットにつながっているものもあります．そのため，自分が直接アクセスしたレピータからほかのレピータに接続することができるようになっていて，レピータ局を2局使用して遠距離の局と交信することができます．

　レピータは2005年から一般募集が開始されました．2015年10月現在，日本国内には約200局のレピータ局が設置されていて，海外レピータ局を含めると1,000局以上がインターネットに接続された巨大なD-STARネットワークが形成されています．

　D-STARはレピータを使用して手軽に遠距離の局と交信ができますが，レピータを使用しないシンプレックス通信も無線機のモードをDVに切り

第1章　D-STAR通信を始めよう

図1-1　D-STARとアナログFMの信号強度と了解度のイメージ

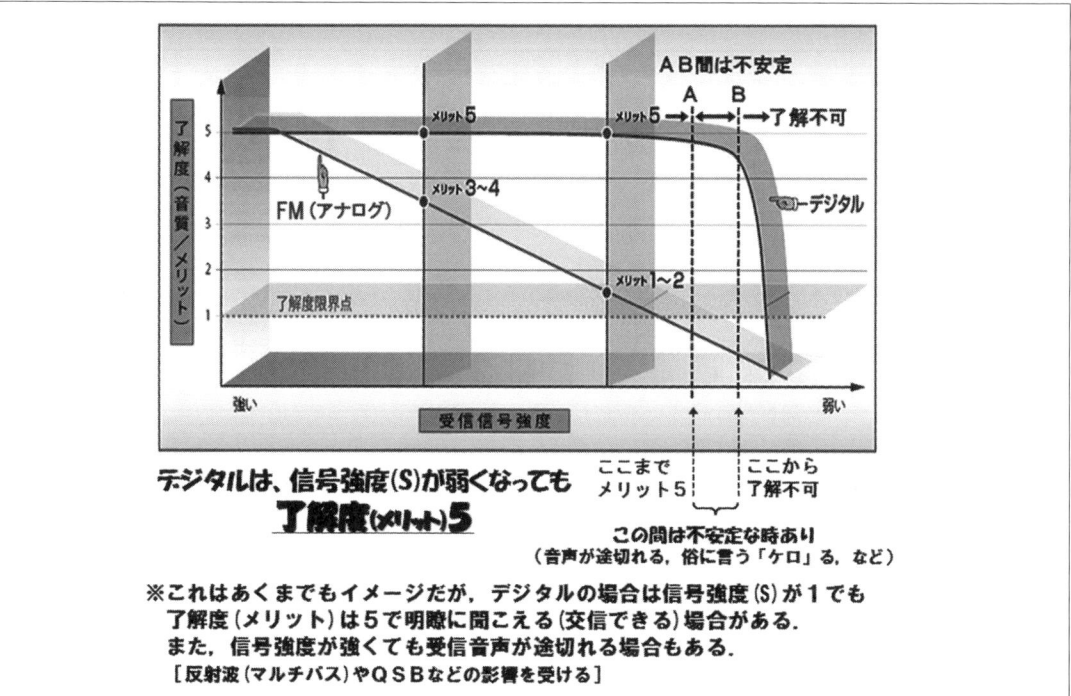

替えるだけで簡単にデジタル音声通信を楽しむことができます．

D-STARの特徴

D-STARはFM（アナログ）と同じように通信ができますが，FMではできなかった機能の追加やデジタルならではのメリットが付加されています．もちろんメリットばかりではなくデメリットもありますが，主な特徴は次のようなものがあります．

- レピータを2局使用できるため遠距離交信ができる
- レピータを経由しても音声の劣化や雑音がなく音質がクリア
- クリアな音質でも占有周波数帯幅が6kHzのため電波の有効利用ができる
- レピータ使用時は相手局のコールサインを指定して呼び出しができる
- レピータを使用すると430MHzと1200MHzの相互通信が可能
- 音声と同時に簡単な文字メッセージを送る機能を標準装備
- スマートフォンやタブレットを接続して画像伝送や文字通信が可能
- GPS機能で簡単に位置情報の送受信が可能
- 電波の受信状況によっては音声が途切れたりまったく聞こえなくなる
- D-STAR対応無線機が必要

「FMとデジタル（D-STAR）はどちらが飛びますか」という質問を受けます．同じ空中線電力と同じ空中線で同じ場所から電波を出したとすると，答えは「同じ」です．図1-1がFMと比較したときに，信号強度が弱くなったときの了解度がどうなるか

D-STAR通信がすぐわかる本　| 7

表1-1　D-STARで使う主な用語

D-STAR用語など	山かけ（※）	：自局が使用するレピータだけを使用する通信．ゲート越えしない
	ゲート越え（※）	：自局が使用するレピータ以外のレピータ（二つ目のレピータ）に接続する設定をして電波を出すとき（QSOしているとき）に，ゲート越え設定という
	JARLに登録	：自局のコールサインをJARLの管理サーバに登録しないと，ゲート越えのQSOができない
	コールサイン指定（※）	：UR（TO）にレピータを設定するのではなく，呼び出しをしたい相手局のコールサインを設定して呼び出す方法（コールサイン指定呼出），RX→CS操作で設定したときも同じ
	カーチャンク（※）	：PTTを1～2秒押して，ゲート越え先のレピータが使用中かどうかや，自局の電波がレピータまで届いているかの確認をする操作
	DV（モード）	：デジタル音声通信モード（Digital Voice）
設定項目	UR（YOUR）	：接続したい相手局やレピータのコールサインを無線機に登録する項目（ゲート越え設定をしないときは CQCQCQ を設定）
	R1（RPT1）	：自局が使用するレピータのコールサインを無線機に登録する項目
	R2（RPT2）	：自局が使用するレピータ以外のレピータ（二つ目のレピータ）に接続するときに，無線機に登録する項目（ゲート越え設定）
	MY	：自局のコールサインを無線機に登録する項目
運用時の操作	DRモード（※）	：簡単設定機能（D-STAR Repeater Mode）ID-80/880, ID-31/51, ID-5100, IC-7100/9100の機能
	TO（※）	：ID-31, ID-51, ID-5100, IC-7100のDRでセットするときの接続先（呼出相手），URと同じ意味
	FROM（※）	：ID-31, ID-51, ID-5100, IC-7100のDRでセットするときの自局が使用するレピータ
	CS	：コールサインの選択と設定（Call sign Select）表示，DRモード時はMYのみ設定可能
	CD	：受信履歴（Received Call sign Display）表示
	RX→CS（※）	：受信した局のコールサインをUR（TO）に設定する機能（RX-CSやR>CSの表示もあり）

のイメージです．FMは信号強度が弱くなるにつれてノイズが増えて了解度が落ちてきますが，デジタルの場合はノイズの影響を受けることがなく鮮明に聞こえるため了解度は落ちません．しかし，信号強度が弱くなって受信の限界に近づくと，音声が途切れたり信号を受信していてもまったく聞こえなくなります．FMではノイズの中からなんとか聞こえるかもしれませんが，デジタルでは「了解できるか，できないか」のどちらかになってしまいます．また，FMに比べQSB（フェージング）やマルチパス（反射波）にも弱いという特徴があります．特に移動しているときに信号強度が変化して安定して送受信ができない場合は，デジタルで符号化されたデータに抜けが生じたり周囲の建物

や地形の影響で，マルチパスによりデジタル信号が干渉し合ってうまく復調できなくなることがあります．これがデジタルのデメリットです．

ただし，**図1-1**の交信テストA-B間ではQSBやマルチパスの影響がない場合には音声がクリアに聞こえるため，信号強度が弱くなってFMではほとんど了解できない場合でもデジタルはメリット5で聞こえます．よって，FMとデジタル（D-STAR）は電波の飛びは同じなので，どちらが飛ぶかというよりもある時点での了解度がどうかということになります．

D-STARで使う用語

交信のときに使う用語，設定のときに使う設定

第1章　D-STAR通信を始めよう

項目の名称，運用するときの操作に使うボタンの名称など，D-STARにはアナログ通信では使わない用語や名称があります．これらの意味を覚えておくと実際の交信や設定操作のときにわかりやすくなります．

主な用語をまとめたものが**表1-1**です．用語に※が付いているものはよく使いますので，覚えておくと良いでしょう．

1-2　無線機と免許申請

無線機を選ぼう

D-STARを始めるには，デジタル音声通信用モードの「DVモード」ができるD-STAR対応無線機が必要です．といっても専用ではなく無線機にはFMやSSBなどのモードも搭載されているため，ほかのモードでも使うことができます．

アンテナも特別なものは必要なく，市販品もD-STAR専用というものはありません．アンテナ・メーカーの製品には「D-STAR対応」や「DIGITAL対応」と表示されています．市販されているD-STAR対応無線機は，ハンディ機，モービル機，固定機がすべて揃っていますので，自分の運用形態に合わせて選ぶことが可能です（**表1-2**）．

「とりあえずD-STARはどんなものかやってみよう」という場合は，430MHzモノバンドのハンディ機があります．ハンディ機でもD-STARの全機能が使えますので，本格的な運用を行いたい場合でも十分に対応できる機種です．430MHzだけでは物足りないという場合は，144MHzが使えるデュアルバンド・ハンディ機があります．

モービル運用が中心の場合は，144MHzと430MHzのデュアルバンド機とHF～430MHzまでのオールモード機があります．基本操作はタッチ・パネル方式で操作性が良く，表示が大きくたいへん見やすいのが特徴です．さらに144MHzと430MHzのデュアルバンド・モービル機はDVモードが2波ワッチできるため，レピータ2局やレピータとシンプレックス両方をワッチするときなどに便利です．ただし，2波同時に受信したときはメインに設定している側からのみ音声が聞こえ，サブ側は音声がミュートされて聞こえません．

家から運用する場合は，D-STAR対応無線機はどの機種でもD-STARの全機能が使えるため選択肢が広がります．ハンディ機に外部アンテナを接続して運用している局も多く，操作性やパワー向上ならモービル機でも十分楽しめます．

HF運用とD-STAR運用をしたい場合には，

表1-2　市販D-STARトランシーバの形態と特徴

カテゴリー	機種名	周波数(MHz)	DR機能	GPS内蔵	デュアル表示	DV2波受信	画像伝送	その他
ハンディ機	ID-31	430	○	○			○	430MHzモノバンド
	ID-51PLUS	144/430	○	○	○		○	AM，FMラジオ受信可能，ID-51の機能追加モデル
モービル機	ID-5100	144/430	○	○	○	○	○	タッチ・パネル操作，Bluetooth対応
固定機	IC-7100	HF～430	○				○	タッチパネル操作採用，モービルも可
	IC-9100	HF～1200	○		○		○	1200MHzはオプション

```
┌─────────────────────────────────────────────────────────────────────────────┐
│  無線局免許状    免許の番号 関A第■■■号       識別信号 J■■■        │
│  氏名又は名称   ■■■■■■                                              │
│  免許人の住所   東京都 ■■■■■■■■■■                              │
│  無線局の種別  アマチュア局    無線局の目的 アマチュア業務用 運用許容時間 常時 │
│  免許の年月日  平 23. 9.29     免許の有効期間 平 28. 9.28 まで          │
│  通信事項     アマチュア業務に関する事項          通信の相手方 アマチュア局 │
│  移動範囲     陸上、海上及び上空                                          │
│  無線設備の設置場所／常置場所                                              │
│   東京都 ■■■■■■■■                                                │
│  電波の型式、周波数及び空中線電力                                          │
│           A1A       1910    kHz   50  W   3VA ←       435  MHz  50 W    │
│     3HA            3537.5  kHz   50  W   3SA         1280 MHz  10 W    │
│     3HD            3798    kHz   50  W                                   │
│     3HA            7100    kHz   50  W                                   │
│     2HC           10125    kHz   50  W                                   │
│     2HA           14175    kHz   50  W                                   │
│     3HA           18118    kHz   50  W                                   │
│     3HA           21225    kHz   50  W                                   │
│     3HA           24940    kHz   50  W                                   │
│     3VA                                                                   │
│     3VA ←         28.85   MHz   50  W                                   │
│     3VA              52    MHz   50  W                                   │
│                     145    MHz   50  W                                   │
│  備考 1280MHz帯を常置場所以外で使用する場合の空中線電力は、1W以下に限る。 │
│  法律に別段の定めがある場合を除くほか、この無線局の無線設備を使用し、特定の相手方に対して行われる無線通信 │
│  を傍受してその存在若しくは内容を漏らし、又はこれを窃用してはならない。                 │
│  平成 27 年 6 月 11 日              関東総合通信局長  [印]              │
└─────────────────────────────────────────────────────────────────────────────┘
```

写真1-1 D-STARの電波型式を無線局免許状で確認

430MHzまでと1200MHzまで対応している2種類の無線機があります．28MHz帯以上でD-STAR運用ができますので，29MHzや50MHzで電離層反射の遠距離通信も可能です．

無線局免許の申請

D-STARに限らず，最初は開局申請をして無線局の免許を取得して開局します．すでに開局していてD-STAR対応無線機を購入した場合は，変更申請が必要です．

D-STARのDVモードは電波型式がF7Wですので，免許状に記載される指定事項の電波の型式は28～430MHzは3VAまたは4VA，1200MHzは3SAまたは4SAの記号（電波型式の略記号）になります（**写真1-1**）．すでに開局している免許状にこの記号が記載されている場合でも，変更申請は必ず行う必要があります．書面申請は「アマチュア局の無線設備等の変更申請（届）書」，「無線局事項書及び工事設計書」を作成します．工事設計書の変更の種別を「増設」，技術基準適合証明番号には無線機本体に記載されている番号を記載します（**図1-2**）．電子申請の場合は「工事設計情報入力」画面に入力します（**図1-3**）．

変更申請が完了すると「無線局免許証票」が届きますので，無線機に貼付します．**写真1-2**が技術基準適合証明番号と無線局免許証票です．

第1章　D-STAR通信を始めよう

図1-2　無線機の増設に技術基準適合証明を確認して記載

図1-3 電子申請の場合の入力例

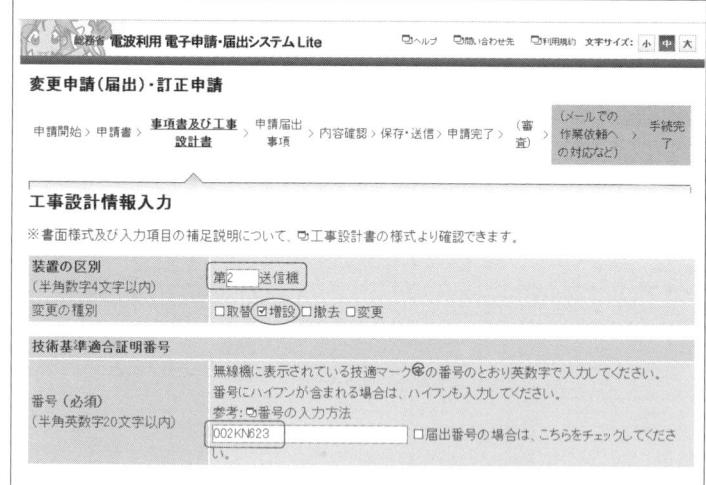

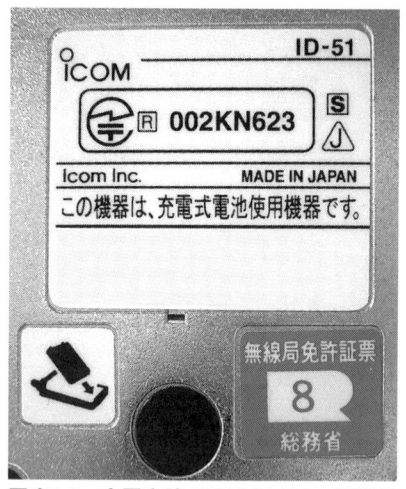

写真1-2 変更申請が受理されると、無線機に貼る「無線局証票」が送られてくる

1-3 D-STAR通信の準備

　D-STARは、レピータを使用しない通信(シンプレックス通信)とレピータを使用する通信がありますが、レピータを使用するときはD-STARシステム全体を制御している管理サーバに、自局のコールサインを必ず登録する必要があります。管理サーバに登録することによって、ゲート越え通信と呼ばれているレピータ局を2局使用する通信を行うことができます。無線機にはレピータのコールサインや自局のコールサインを設定する必要があります。

管理サーバに自局のコールサインの登録

　自局のコールサインは、JARLが管理・運用している管理サーバに登録します。「JARLアマチュア・デジタル通信システム(D-STAR)の運用指針」(D-STAR運用ガイドライン)の4-2-4項に、レピータを利用する場合は「管理サーバに利用者のコールサインを所定の手続きで登録しなければならない」と規定されています(4章参照)。登録というと勘違いするかもしれませんが、けっして登録した局をJARLが管理・監視するための登録ではありませんので安心してください。D-STARレピータを使用するための登録です。もちろん登録は無料です。

　登録は、図1-4のJARLのホームページのD-STARメニューから登録します。新規登録のときは申し込みと登録の2回の作業が必要です。最初に申し込みページから「D-STAR利用申込み」を行います。申し込みを行うと登録したメールアドレスに登録完了メールが届きます。次に48時間以内にメールに書いてあるWebアドレスにアクセスして「機器情報の登録」を行います。この機器情報の登録を行わないと管理サーバにコールサインが登録されませんので、レピータ局を2局使用するゲート越え通信ができません。

　インターネットが使えない場合は郵送で登録ができますので、郵送登録の詳細はJARL業務課(電

第1章　D-STAR通信を始めよう

図1-4　JARL管理サーバへの登録メニュー

◀楽しむをクリック

▶「D-STAR総合案内窓口」をクリック

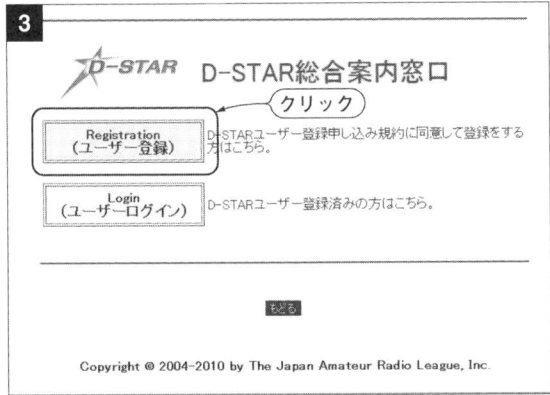
「Registration（ユーザー登録）」をクリック

「D-STAR 登録申込規約」をクリック

D-STAR通信がすぐわかる本　13

図1-4　JARL管理サーバへの登録メニュー（つづき）

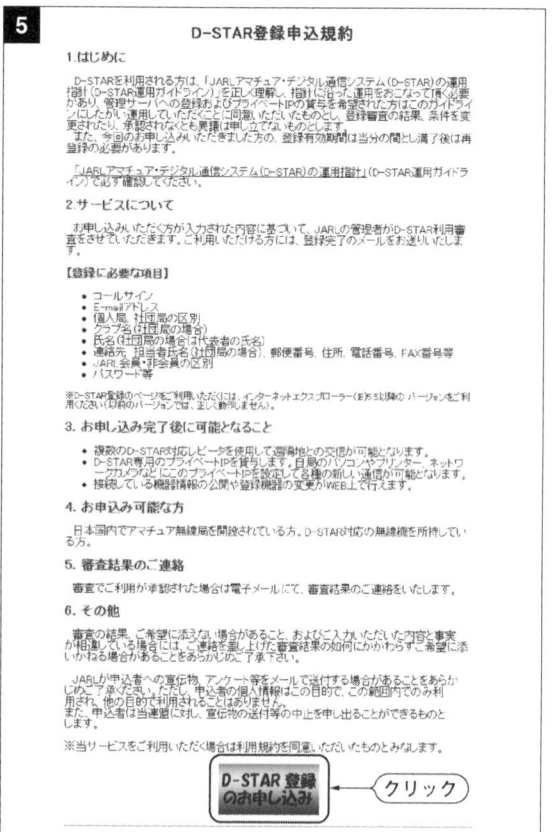

「D-STAR 登録のお申込」をクリック

必要項目の入力が完了したら「申込み」をクリックする

「D-STAR 利用申込み画面へ」をクリック

利用規約の内容を確認したうえで「同意します」をクリック

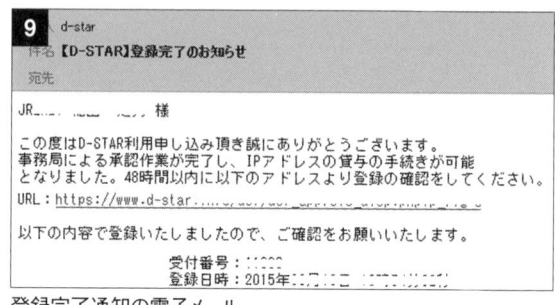

登録完了通知の電子メール

話 03-3988-8749）に問い合わせてください．

　管理サーバへの登録は使用している無線機の機種の登録ではありませんので，DVモードだけの運用の場合は機器情報の登録画面で最低1行目だけ登録すれば，無線機が何台あってもどの無線

第1章　D-STAR通信を始めよう

図1-4　JARL管理サーバへの登録メニュー（つづき）

コールサインとパスワードを入力してログインする

「機器情報の登録変更」をクリック

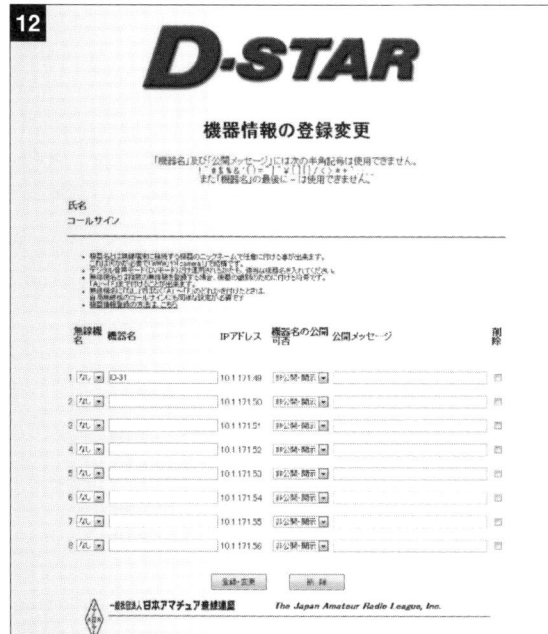

機器情報を入力する

図1-5　機器情報の登録は最低1行でかまわない

機でもゲート越え通信をすることができます（図1-5）．無線機を登録するのではなく「コールサイン」の登録になるので，無線機を複数台使っていても台数分の登録はしなくてもかまいません．DDモードの場合はデータ通信を行うため，重複しないID（IPアドレス）が必要になるため無線機の

台数分を登録する必要があります．

　複数登録した場合はコールサインに識別を付加することができます．管理サーバに登録するときに「無線機名」という項目が識別になります．A～Fまで付加することができ，無線機の区別ではなくコールサインに追番を付けるという意味になります．この識別で一つのコールサインを複数のコールサインとして使い分けをすることができます．同じインターネット・プロバイダのメールアドレスを複数持っているようなイメージです．

　無線機名（識別）にAとBの二つを登録した場合

D-STAR通信がすぐわかる本 | 15

図1-6 D-STAR機へのコールサインの登録

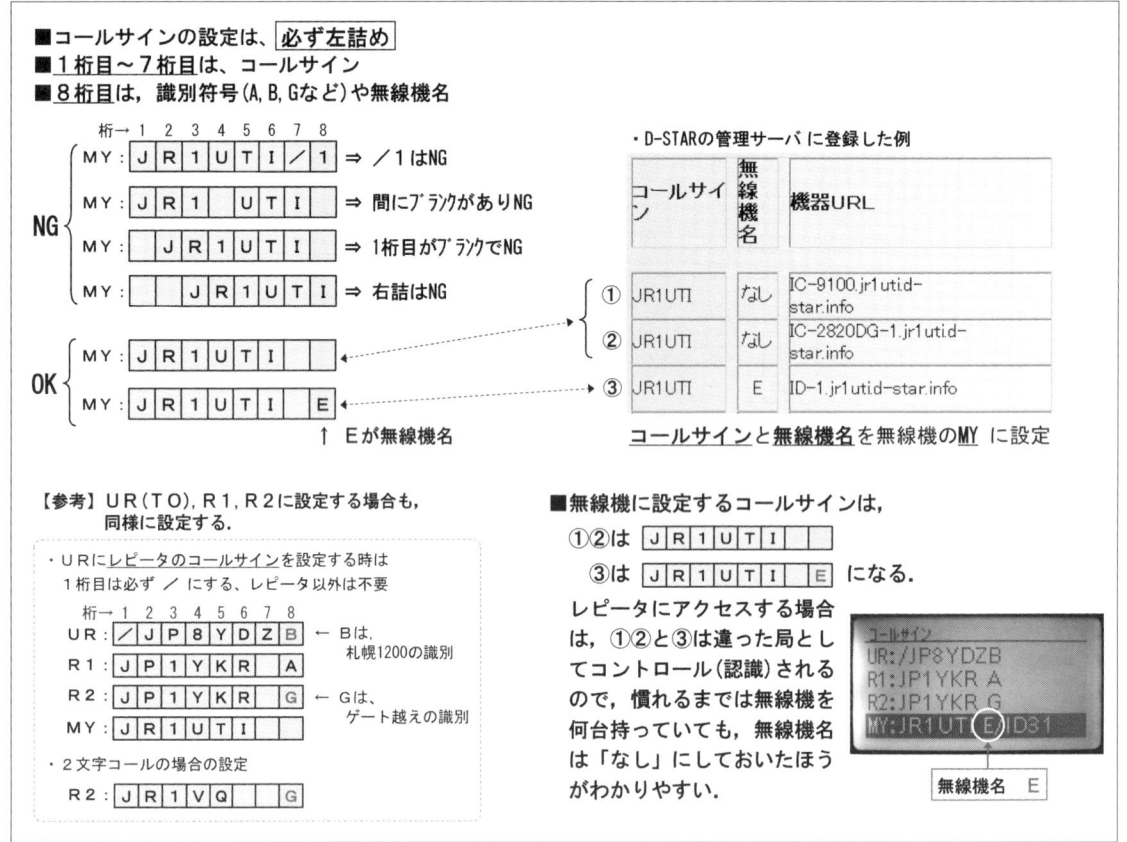

は，管理サーバは違ったコールサインの局として認識します．使い方に慣れてないとゲート越え通信のときにうまくいかないことがありますので，最初は識別を付けないほうがわかりやすいと思います．詳細は後述の「レピータを使用するときの設定」で説明します．

無線機に自局のコールサインの設定

コールサインを無線機に設定するときに注意が必要なことがあります．コールサインは管理サーバに登録した無線機名(識別)も含めて，無線機の設定項目の自局設定のMYに登録する必要があります．管理サーバに登録した内容と無線機の設定内容が1文字でも違っているとゲート越え通信ができません．インターネット・プロバイダから指定されたIDやパスワードを間違って登録したときに，インターネットにつながらない状態と同じです．

コールサインを無線機に設定するときの注意は**図1-6**のとおりです．間違った設定になっている局をときどき見かけますので，無線機に自局のコールサインを設定するときは，くれぐれも注意しましょう．

写真1-3がコールサインの設定方法です．

なぜ，管理サーバや無線機に自局のコールサンの登録や設定が必要なのでしょうか．

D-STARは多数のレピータがインターネットに

16 | D-STAR通信がすぐわかる本

第1章　D-STAR通信を始めよう

MENUの自局設定を選択

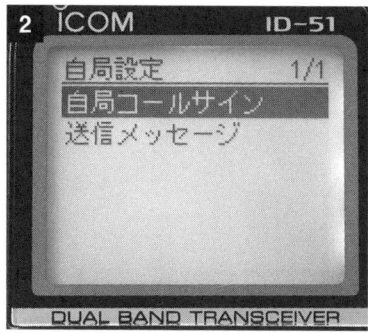
自局コールサインを選択

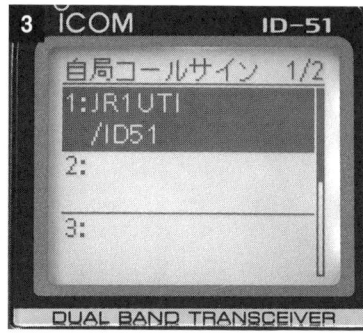
コールサインは五つ設定可能

QUICKを押して編集を選択

左から文字間隔を空けずに登録

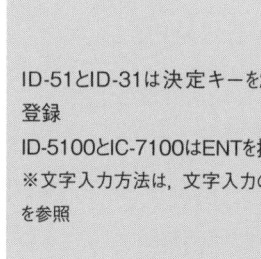

ID-51とID-31は決定キーを2回押して登録
ID-5100とIC-7100はENTを押して登録
※文字入力方法は，文字入力の基本操作を参照

写真1-3　D-STAR機へのコールサインの登録のようす

接続された「D-STARネットワーク」を形成して，システム化して管理されています．そのため，レピータ局やレピータを使用する局をなんらかの方法で制御する必要があります．パソコンやスマートフォン，携帯電話などでメールやインターネットを利用したりパソコン間で文字や画像データをやり取りするためには，アクセス元やアクセス先を識別するためのIDが必要になります．識別する方法としては電話番号や，パソコンであればパソコン名やIPアドレスを識別として使用しています．

D-STARも同じようにこのIDとなるものが必要で，1局ごとに固有に割り当てられているコールサインをIDとして利用しています．コールサインはなじみやすいという理由もあるかもしれません．例えば，JR1UTIが埼玉・堂平山レピータ(JP1YKR)にアクセスして，北海道・札幌レピータ(JP8YDZ)に接続する場合，無線機の自局にJR1UTI，アクセス・レピータにJP1YKR，接続先にJP8YDZと設定すると各コールサインがIDとなってD-STARネットワーク内で自動的に札幌レピータに接続されるようになっています．

自局がアクセスしたレピータからインターネットを経由してほかのレピータに接続する方法を，D-STARでは「ゲート越え通信」といいます．

札幌の局から応答があった場合も同じ仕組みで，札幌レピータから堂平山レピータに接続されて，JR1UTIは札幌の局とQSOができるようになります．このときに札幌の局が接続先を堂平山レピータのコールサイン(JP1YKR)でなくJR1UTIと設定しても，札幌の局は堂平山レピータにつな

D-STAR通信がすぐわかる本　17

図1-7　JARLの管理サーバにアクセス情報が記録される

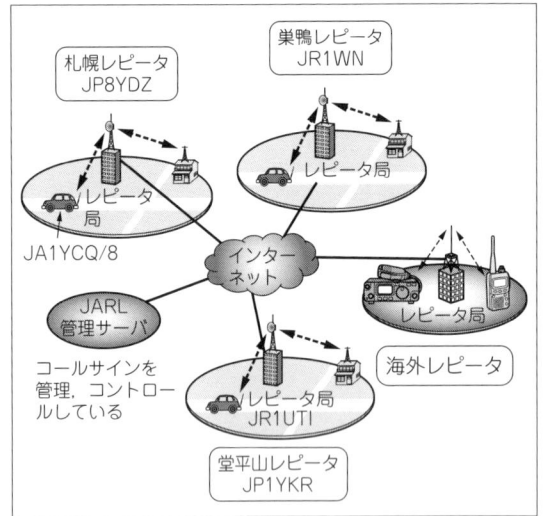

がります．この方法を「コールサイン指定呼出」といいます．JR1UTIというコールサイン（ID）がJP1YKRにアクセスしたという記録が，管理サーバに記録されるためです．

　パソコンでインターネットに接続してWebサイトを閲覧したときも，そのサイトの情報が自分のパソコンに表示されるのと同じ仕組みです．ネットワーク用語になりますが，「ルーティング」といって，ID（IPアドレス）でインターネット内の欲しい情報を届けてもらったり届けたりすることを行っています．D-STARも同じように目的のレピータに接続してもらうためのIDはコールサインですが，実際にはインターネットを利用しているためコールサインというIDがIPアドレスに変換されています．ネットワークの仕組みやIPアドレスなどを知らなくてもパソコンが使えるのと同じように，D-STARを運用するときにはまったく気にする必要がありません．

　このようなことから，自局のコールサインをIDとして無線機に設定しておく必要があり，レピータにアクセスしたときにコールサインが自動的に送出されて自局の所在（場所ではなくアクセスしたレピータ）が明らかになります．そして，自局のアクセス情報が管理サーバに記録されて，その情報を元にほかのレピータに接続される仕組みです（**図1-7**）．

　インターネットを利用する場合にインターネット・プロバイダとの契約が必要なことと同じで，管理サーバはJARLが管理と運用をしていますので，JARLがD-STARのプロバイダ的役目をしていると考えればわかりやすいと思います．

クローニング・ソフトとSDカードの使い方

　クローニング・ソフト（以下，ソフトと表記）を使用すると自局のコールサインやメッセージ，よく使うレピータや周波数のメモリなどの設定を簡単に行うことができます．作成した設定データを無線機に設定する場合は，パソコンと無線機をケーブルで接続して行う方法とSDカードまたはmicro SDカード対応無線機はSDカードから行う方法があります．自局のコールサンなどの基本設定は一度設定すればあまり変更はありませんが，D-STARレピータは毎月のように開局していますので，DR機能（「DR機能でレピータ通信の簡単設定」の項を参照）のレピータ・リスト・データ（以下，データと表記）に追加が必要になります．また，無線機にプリ・インストールされているデータは生産時のデータですので，購入時にはレピータ局が増えていることがほとんどです．

　データの追加は，最新データをWebサイトからダウンロードして書き替える方法，ソフトを使用して自分でデータに追加して設定する方法，無線機に直接追加する方法があります．無線機に直接

第1章　D-STAR通信を始めよう

図1-8　登録データによる格納フォルダの違い

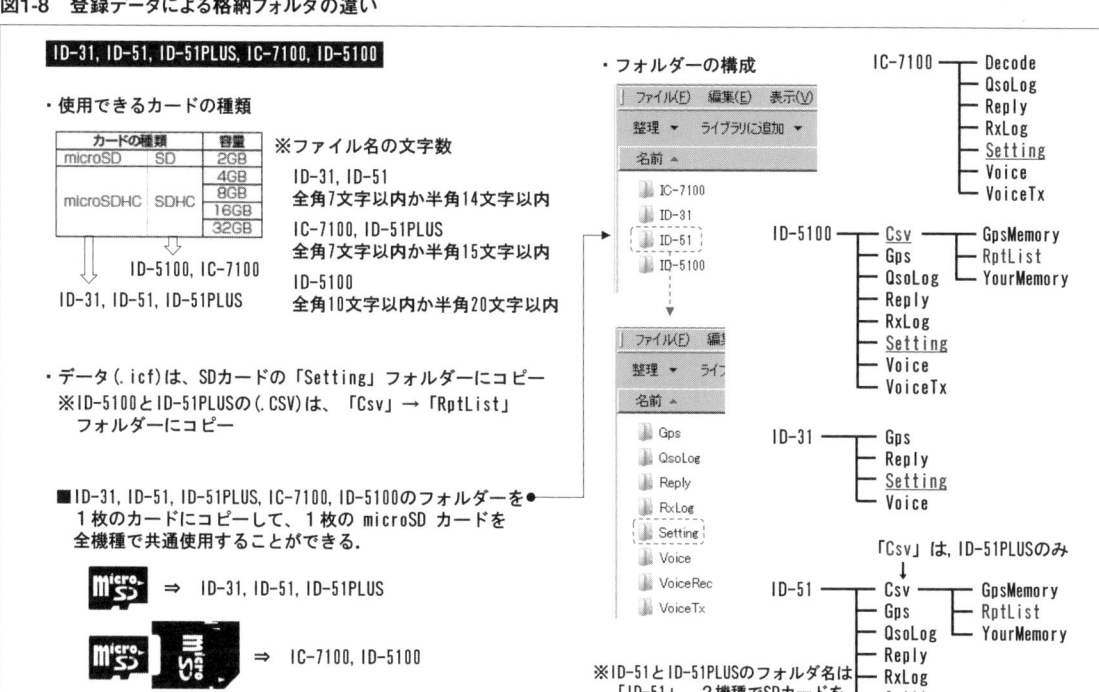

　追加する方法はかなりたいへんですので，ソフトかSDカードの使用をお勧めします．

　SDカードは，ID-31，ID-51，ID-5100，IC-7100が使えます．ダウンロードしたデータやソフトで作成したデータをSDカードにコピーして，SDカードを無線機にセットして無線機の操作で書き替える方法が簡単です．SDカードを使用すれば本体とパソコンを接続するケーブルは不要です．機種によって使用できるデータの種類（ICFファイルとCSVファイル）やデータのファイル名の長さ，コピーするフォルダが違いますので，図1-8を参考にしてください．

　データの書き替えは，MENUの「SDカード」→「設定ロード」で行います．ロードするときは必ず「レピータリストのみ」を選択してください．ダウンロードしたデータを使用して「すべて」を選択するとレピータ・リスト以外の設定が初期値に戻ってしまい，自局のコールサインやメッセージなどの設定した内容が消えてしまいますので要注意です．

　SDカードからデータを書き替える方法は図1-9を参考にしてください．

　ID-5100とID-51PLUSは，CSV形式のファイルでデータのみをインポートする機能があります．この機能を使えばレピータ・リスト以外は書き替えられないため，ほかの設定を消してしまうことはありません．MENUの「SDカード」→「インポート/エクスポート」→「インポート」で行います．

　ソフトを使用してレピータを追加する場合や設定を変更するときは，次の手順で行います．無線機に設定した内容を間違って消さないように，必ず最初

D-STAR通信がすぐわかる本　19

図1-9 ID-5100のSDデータ書き換えの方法

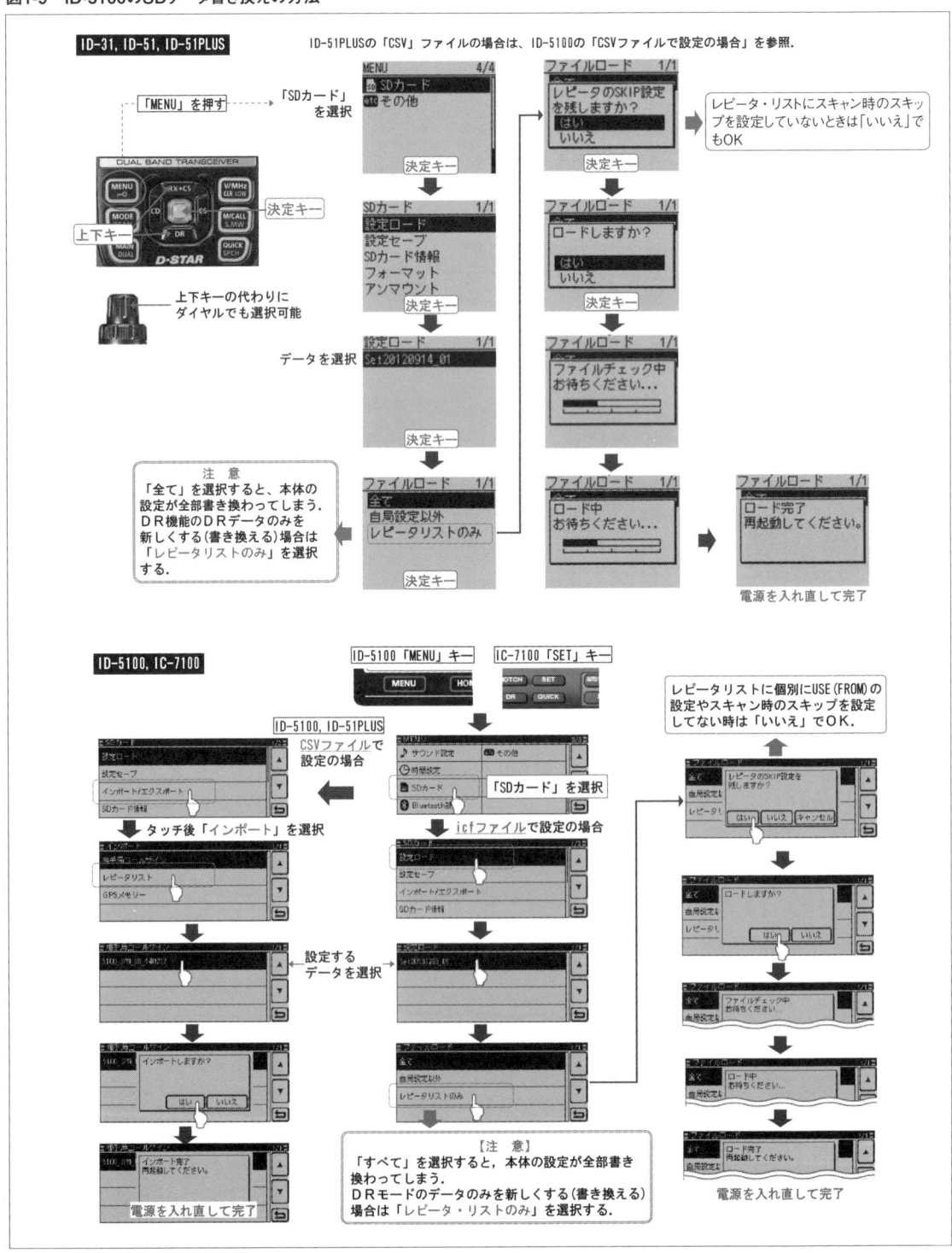

第1章　D-STAR通信を始めよう

図1-10 レピータの追加や設定のようす

にクローン読み込みを行ってから，レピータの追加や設定を行うようにしてください（**図1-10**）．SDカードが使用できない機種は次の方法で行います．

❶ 無線機をクローニング・ケーブル（データ通信ケーブル）でパソコンに接続

❷ クローン読み込み（無線機の設定内容をパソコンに取り込む）

❸ ソフトのレピータ・リストに追加．必要があれば，このときにメッセージの書き込みやほかの設定も行う

❹ クローン書き込みをする（無線機にデータを書き込む）

❺ 念のためパソコンにデータを保存

　パソコンに保存したデータをSDカードにコピーして無線機にセットして設定する場合に，レピータ・リスト以外の設定を変更したときは「設定ロード」のときに「すべて」を選択すると無線機が新しい設定になります．

 ## 1-4　交信してみよう

交信の基本　シンプレックス通信

● 設定と運用周波数

　D-STARで交信する場合は，レピータを使用しなければできないということはなく，シンプレックス（直接通信方式）でFMモードと同じように交信することができます．D-STAR対応の無線機にはすべてFMも搭載されていますので，モードを

D-STAR通信がすぐわかる本 | 21

図1-11 D-STARが運用できる各バンドの周波数区別

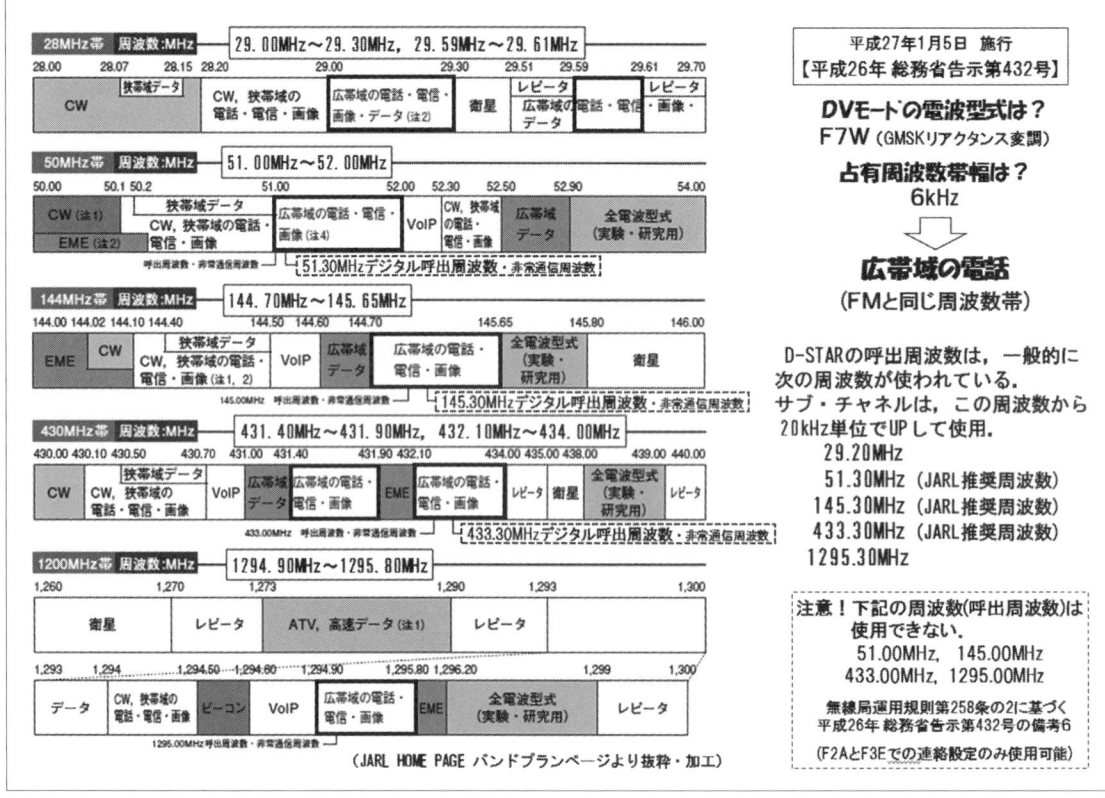

切り替えて「DV」にするだけです．電波を出すときにも，管理サーバへの登録や無線機に自局のコールサインの設定など何もしなくても可能ですが，D-STARの特徴や機能を活かすために無線機には自局のコールサインを設定しておくことをお勧めします．D-STARが運用できる周波数帯はバンドプランで決められていて，28MHz以上の「広帯域の電話」の区分になるためFMと同じです（**図1-11**）．平成27年1月4日までは，D-STARにはFMのように呼出周波数（メイン・チャネル）がありませんでしたが，平成27年1月5日に施行になった平成26年総務省告示第432号の「アマチュア業務に使用する電波の型式及び周波数の使用区別」（アマチュア・バンドプラン）に合わせて，JARLが推奨周波数と

して「デジタル呼出周波数」が設定されました．これにより，シンプレックス通信もさかんに行われるようになってきました．なお，今回はあくまでも「JARLが推奨する周波数」という設定であることをご承知おきください（総務省告示には記載されていない）．デジタル呼出周波数は，51.30MHz，145.30MHz，433.30MHzの3波です．FMと同じようにこの周波数でCQを出してサブ・チャネル移ります．この周波数から上側20kHz間隔での運用が多いようです．

● シンプレックスでの運用

　FMと同じ周波数帯のため，FMを運用している局との混信に注意する必要があります．D-STAR対応の無線機はDVモードでFMを受信すると，

FMの電波を受信している間は自動的に受信がFMモードに切り替わるためFM運用局の確認ができます．自動的に切り替わらないときは，無線機の設定項目の設定メニューの「DV設定」の中の「DV自動検出」をONにします．

　FMモードでD-STARの電波を受信すると「ザー」という音しか聞こえないため，FM局はD-STAR局なのかノイズなのかわかりません．混信防止のためチャネル・チェックを行う必要がある場合は，最初にFMモードでチェックを行ってからDVモードに切り替える方法がFM局側にもD-STARの運用開始がわかります．FMモードで，

- ただ今からこの周波数でD-STARの運用を開始します．

これで良いかと思います．

　CQを出すときや特定局の呼び出しなどの交信方法は特に決まりはないため，D-STARでも普通の交信方法で行うだけです．実際のCQや交信の例は，

- CQCQCQ D-STARこちらはJR1UTIどなたかお聞きの局QSOをお願いします．サブ・チャネル433.32MHzにQSYします．どうぞ
- 応答ありがとうございます．メリット5です（または，レポートは59です）

信号強度（S）は無線機のメータでわかりますが，了解度（R）はアナログと違った表現をするときがあります．アナログの場合は受信側の感覚で了解度（メリット）1から5を決められますが，D-STARはデジタルなので判断しにくいため「クリアな音声です」や「音声がときどき途切れますが，わかります」「音声が途切れてわかりません」などの表現があります．実際は交信時の状況に応じて相手局にこのようなレポートを送ります．

　通信可能距離についてD-STARはどれくらいかというと，基本はFM（アナログ）と同じですので信号強度が弱くても了解度5でクリアに聞こえる距離になります．2015年10月現在，JARL Webに掲載の交信記録認定では，2015年5月30日に430MHzで1エリアと3エリア間393.114kmが記録されています．また，D-STARはコンデイションの影響はあると思いますが，電離層反射通信も可能です．29MHzでの海外や50MHzのEスポで電離層反射通信でも問題なくクリアな音声で交信できたというレポートもあります．

レピータを使用する交信

　レピータは電波が直接届かない局と交信を行うための電波の中継装置です．レピータを使用して交信するときは，無線機の設定と交信方法にシンプレックス交信との違いがあります．

　また，D-STARにはレピータの使用方法が二つあります．一つは，アナログ（FM）レピータと同じように1局のレピータ局を使用して交信する方法です．この方法は一般的に「山かけ」と呼ばれています．もう一つはインターネットに接続されている2局のレピータ局を使用する方法です．レピータ局を2局使用して交信する方法を「ゲート越え通信」といいます．

　設定は，現在発売されている無線機には「DR機能」という設定方式があり簡単になっています．ややこしいことは抜きにして，D-STARの仕組みの基本は不要という方は，自局のコールサインは管理サーバに登録済みで，無線機に自局のコールサインを正確に設定してある場合は，以下を省略してp.29の「DR機能でレピータ通信の簡単運用」に飛んでいただいて大丈夫です．

◀CSを押した時の設定確認画面
R1がアクセスするレピータ

写真1-4 レピータ「山かけ」使用の設定例

● レピータを使用するときの設定

　レピータを使用するときは，無線機の設定が必ず必要になります．ここではレピータを使用するための基本として何をどこにどのように設定すれば良いかを説明します．

　無線機に設定する項目は四つあります．自局のコールサイン，自局が使用するレピータ局のコールサイン最大二つ，接続先のコールサインです．この中で必ず設定しなければならないのが，自局がアクセスするレピータ局のコールサインです．アクセスするレピータ局のコールサインを無線機に設定してない場合は，レピータが動作しません．

　レピータを1局だけ使う場合はシンプレックス通信と同じく無線機に自局のコールサインを設定しなくてもできますが，ゲート越え通信時には必ず必要になりますので自局のコールサインは必ず設定しておきましょう．無線機に自局のコールサインを設定するときは「自局のコールサインの設定」（図1-6）の内容に注意します．

　無線機の設定項目は機種によって少し表示が違いますが，UR/R1（またはRPT1）/R2（またはRPT2）/MYの四つです．基本はレピータ1局だけを使用する「山かけ」設定です．URを「CQCQCQ」にしてアクセスするレピータのコールサインを

R1に設定します．写真1-4は，堂平山レピータ1局だけを使用する場合の設定です．レピータのコールサインJP1YKRは，自分がどのレピータを使用するかの意思表示やFMレピータを動作させるためにトーン（TONE）信号を設定するのと同じと思ってください．

　次に，インターネットに接続されているレピータ局を2局使用する「ゲート越え通信」の場合です．シンプレックス通信やレピータを1局だけ使用する場合とは違い，重要なことがあります．

- 自局のコールサインを管理サーバに登録してあること
- 管理サーバに登録したとおりに自局のコールサインを無線機に設定してあること

このどちらが欠けてもゲート越え通信はできません．特に自局のコールサインの設定には注意してください．設定ソフト（クローニング・ソフト）を使わないで無線機に直接設定したときに，図1-6のNGのようになってしまう事例が多いようです．設定後に無線機の「CS」ボタンを押して設定表示にすると確認しやすい画面になります（写真1-4）．

　写真1-5は，堂平山レピータから札幌レピータに接続する設定です．URには接続先を設定します．レピータの場合はコールサインの左に/（スラッシュ）を付けて/JP8YDZAと設定します．接続先のレピータには/を付加する決まりと単純に覚えておけばいいと思います．コールサイン指定呼出（後述）を行うときの個人局やクラブ局などのレピータのコールサイン以外には/を付加する必要はありませ

第1章　D-STAR通信を始めよう

写真1-5 埼玉・堂平山レピータから北海道・札幌レピータに接続する設定例

ん．右端(8桁目)のAは識別です．国内接続の場合は識別Aが省略できますので/JP8YDZと/JP8YDZ Aは同じ意味になります(**コラム1**).

R1はレピータ1局だけの「山かけ」と同じで自局がアクセスする堂平山レピータのコールサインJP1YKRを設定します．URと同じようにR1のJP1YKR AとJP1YKRは同じ意味です．R2はゲート越え通信をするときに必ず必要で，ゲートウェイ(G/W)としてインターネットに接続しているレピータ局のコールサインにGを付加して設定します．Gはゲート越えのGと覚えてください．堂平山レピータはゲートウェイ・レピータ局(正式にはゾーン・レピータ)ですので，R1と同じ

表1-3 アシスト局対応でゲートウェイ設定になっているレピータ局

レピータ名	R1	R2	G/Wレピータ
調布1200	JP1YIX　A	JP1YIW　G	西東京
名古屋大学430	JP2YGI　A		
名古屋大学1200	JP2YGI　B		
名古屋第二日赤1200	JP2YGG　A	JP2YGE　G	電波学園
春日井430	JP2YGK　A		
春日井1200	JP2YGK　B		
WTC1200	JP3YHF　A		
生駒430	JP3YHJ　A		
生駒1200	JP3YHJ　B	JP3YHH　G	平野
ならやま430	JP3YHL　A		
ならやま1200	JP3YHL　B		
有田430	JP3YCV　A	JR3WV　G	紀の川
有田1200	JP3YCV　B		
京都比叡山430	JP3YCS　A	JP3YIJ　G	なし
美ヶ原430	JP0YCI　A	JP0YDP　G	上田

JP1YKRにGを付加します．Gは識別と同じく8桁目に付加します．**図1-6**の【参考】が設定例です．

ゲート越え通信の場合はアクセスしたレピータからも電波が出ますので，二つのレピータから電波が出ることになります．ほとんどのレピータはインターネットに接続しているゲート・ウェイレピータ局になっていますが，ゲートウェイになってないレピータがあります(**表1-3**).これらのレピータ局は「アシスト局」という中継用無線局で接

コラム❶　レピータの識別

D-STARはデジタル信号を処理するためのコントローラが接続されています．430MHzと1200MHzのレピータ2台が併設されている場合は，同じコントローラに接続されているため識別が必要になります．併設の場合の識別は，430MHzが「A」，1200MHzが「B」になり，どちらか1台の場合は「A」になります．

430MHzだけの場合は「A」で1200MHzだけの場合も「A」になるため少々ややこしいかもしれません．また「A」は省略できるため，無線機にレピータのコールサインを設定したときに識別を付加しなかった場合(8桁目がブランク)は「A」になります．

- 浜町レピータ：430MHzは JP1YIU A，1200MHzは JP1YIU B，JP1YIU AとJP1YIUは同じ
- 調布レピータ：1200MHzのみのため JP1YIX A，JP1YIX AとJP1YIXは同じ
- 巣鴨レピータ：430MHzのみのため JR1WN A，JR1WN AとJR1WNは同じ

ちなみに海外レピータの識別は日本と違い，1200MHz帯が「A」，430MHz帯が「B」，144MHz帯が「C」になっています．識別の省略はなくレピータ装置が1台の場合でも周波数帯によって識別が固定で，144MHzのみでも識別は「C」です．

(1) 美ヶ原レピータから上田レピータに接続

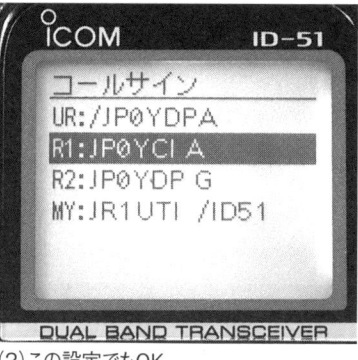
(2) この設定でもOK

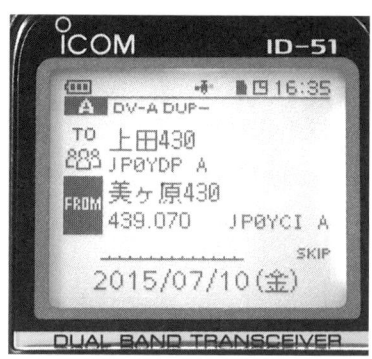
(3) DR設定画面

写真1-6 レピータ間（ゾーン内通信）の設定例

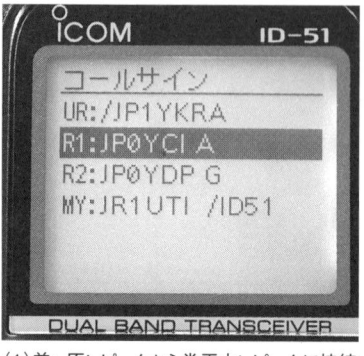
(1) 美ヶ原レピータから堂平山レピータに接続

(2) DR設定画面

写真1-7 ゲート越え通信の設定例

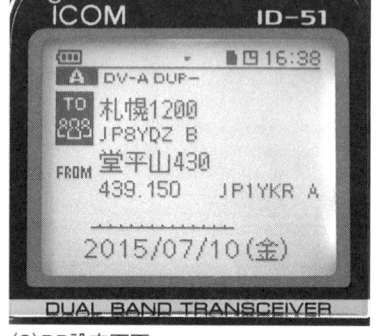
(1) 堂平山430レピータから札幌1200レピータに接続をCSで見た画面

(2) DR設定画面

写真1-8 接続先レピータURのコールサインに識別を付加する

続されています．このレピータにアクセスして，このレピータ間の接続（ゾーン内通信）やゲート越え通信（ゾーン間通信）を行う場合はR2の設定に注意が必要です．**写真1-6**がこのレピータ間（ゾーン内通信）で通信するときの設定です．R1は自局がアクセス・レピータ（美ヶ原430）のコールサイン，R2には接続するレピータのコールサイン（上田430）を設定します．ゲート越え通信（ゾーン間通信）を行うときは**写真1-7**のように，R2の設定は**表1-3**のR2（ゲートウェイレピータ局）のコールサインを設定します．

D-STARにはレピータの構成によってエリア，ゾーン，ゾーン・レピータ，アシスト局などの呼び方があります．実際の交信のときには気にする必要はありませんが，**コラム2**が簡単な説明です．

● 430MHzと1200MHzの相互通信

D-STARは周波数が違うレピータ間を相互に接続することができます．430MHzのレピータにアクセスして1200MHzレピータから電波を出すことができます．その逆も可能です．なお，自局の免

第1章　D-STAR通信を始めよう

(1) 設定画面 　　(2) この設定でもよい 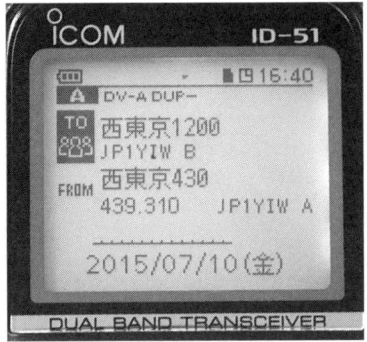　　(3) 430—1200の設定例　ID31などのDR機能での設定．簡単になった

写真1-9　同一設置場所レピータでの430MHzから1200MHzに接続をCSで見た画面

許に1200MHzがなくても実際に電波を出しているのはレピータ局ですので違反にはなりません．海外には144MHzのレピータもありますので，もちろん144MHzのレピータにも接続できます．

同じ場所に同じコールサインでレピータ装置が2台以上設置されているレピータ局があります．この場合は自局のコールサインに識別を付加するのと同じように，レピータのコールサインに識別を付加してレピータを区別しています（**コラム1**）．

ゲート越えで接続する場合の設定は**写真1-8**のように接続先のレピータのコールサインに識別を付加します．識別は8桁目に設定する決まりがあるため，この場合は接続先の札幌レピータのコールサインJP8YDZに1200MHzの識別Bを8桁目に付加します．

同じ場所に430MHzと1200MHzのレピータが設置されている場合は，**写真1-9**のように設定します．西東京430（JP1YIW，識別A）レピータにアクセスして，西東京1200（JP1YIW，識別B）レピータから電波を出す場合の例です．同じ場所に接続されているのでゲート越え通信でないためURをCQCQCQにして，R2のコールサインにはGの付加ではなく識別Bを8桁目に付加します．

アシスト局で接続されている場合（ゾーン内）もゲート越え通信でないため，設定は同じ場所に設置されている場合と同じようになります．違いは

コラム❷　アシスト接続とゾーン・エリア

レピータ局間をインターネット以外で接続している方式を，アシスト接続といいます．10GHz帯を使用しているアシスト・レピータという装置で接続されています．この方式で接続されているレピータのグループを「ゾーン」といいます．アシスト接続にかかわらずレピータ1局ごとにアクセスできる範囲を「エリア」といいます．無線機の取扱説明書によってはゾーンやエリアの説明がありますが，ややこしいので覚える必要はありません．

現在アシスト接続は全国に6か所あります．G/Wはゲートウェイ・レピータです．

1エリア　　西東京（G/W）・調布
2エリア　　電波学園（G/W）・名古屋大学・名古屋第二日赤・春日井
3エリア　　平野（G/W）・WTC・生駒・ならやま
3エリア　　紀の川（G/W）・有田
3エリア　　比叡山・G/Wはレピータ未接続のJP3YIJ
0エリア　　上田（G/W）・美ヶ原

D-STAR通信がすぐわかる本　|　27

(1)設定画面 　　(2)この設定でもよい　　(3)西東京430—調布1200から電波を出す設定をID-31などのDR機能で設定する場合は簡単にできる

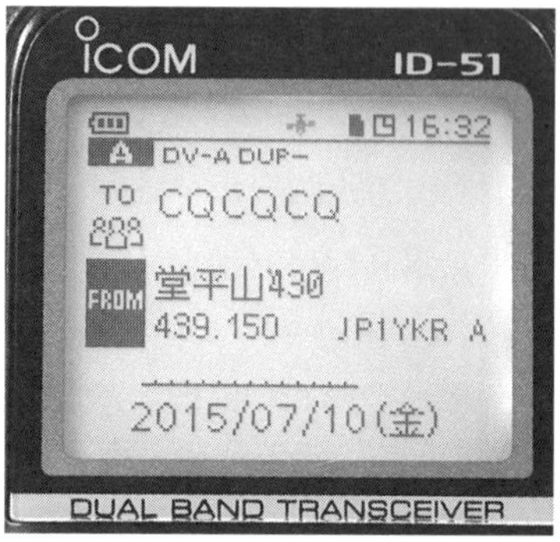

写真1-10　アシスト接続レピータでの430MHzから1200MHzに接続をCSで見た画面

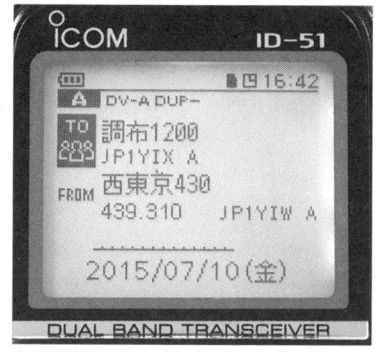

写真1-11　堂平山430レピータ山かけ通信の設定

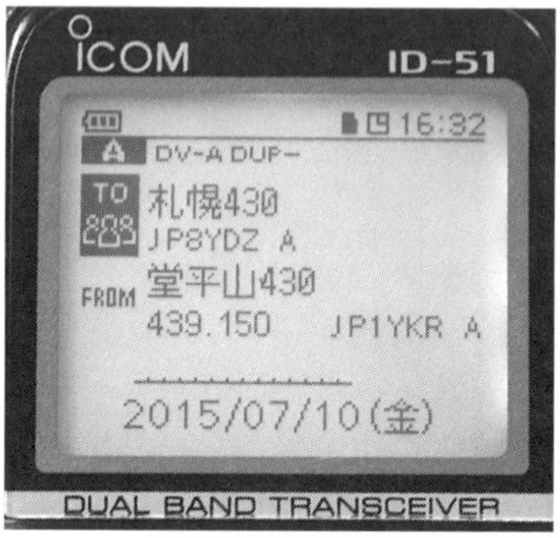

写真1-12　堂平山430—札幌430MHzゲートウェイ通信の設定

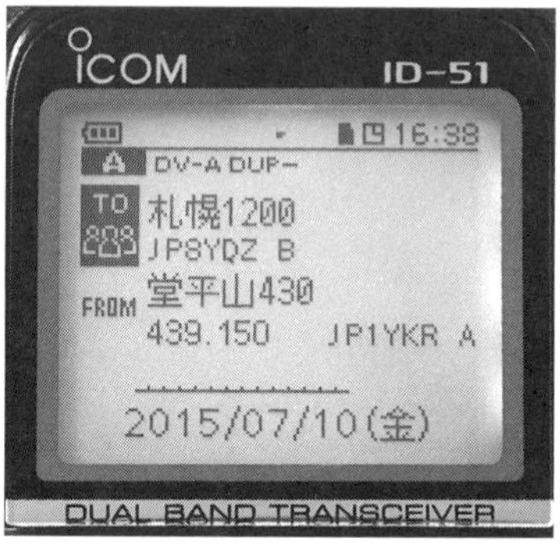

写真1-13　堂平山430—札幌1200MHzゲートウェイ通信の設定

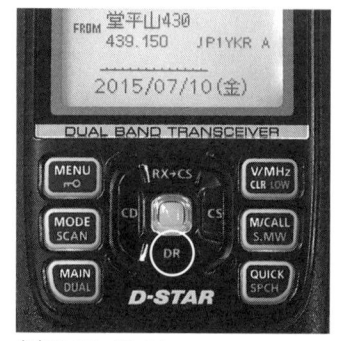

(1)ID-31, ID-51　　(2)ID-5100 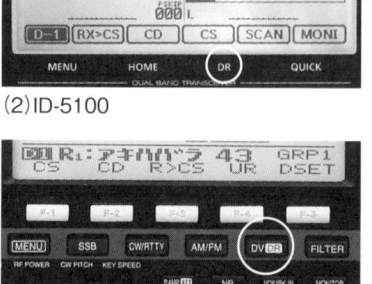　　(3)IC-7100 　　(4)IC-9100

写真1-14　DR機能を設定するキー

R2の設定です．R2には接続するレピータ局のコールサインと識別を設定します．**写真1-10**は西東京430(JP1YIW, 識別A)レピータにアクセスして，アシスト局で接続されている調布1200(JP1YIX, 識別A)レピータから電波を出す場合(ゾーン内通信)の例です．

ID-31以降に発売になった機種のDR機能で設定したときは**写真1-6(2)**と**写真1-9(2)**と**写真1-10(2)**のように設定されます．

同じ場所に設置の場合もアシスト局で接続さ

れている場合も，ゲート越えと同じく430MHzと1200MHz両方のレピータから電波が出ます．

● DR機能でレピータ通信の簡単設定

ここまではレピータを使用するときには何をどこにどのように設定するのか，どのような設定になっているのかを基本設定方法として説明しました．とても難しいとか，ややこしくて理解できないと感じたと思います．この不可解な理屈がわからなくても簡単に設定して運用できる機能があります．それが現在発売されている無線機すべてに搭載されている「DR機能」です．DRとは「D-STAR REPEATER」の略で，無線機に登録してあるレピータ局のリストから自局がアクセスしたいレピータと接続したいレピータを選択するだけの操作です（図1-12）．リストにはレピータ局の名称やコールサインと周波数，ID-31以降の機種はレピータの位置（緯度・経度）などの情報が登録されています．新しくレピータ局が開局した場合やレピータ局に変更があった場合は，無線機のレピータ局のリストへの追加や登録されている情報を変更する必要があります．

写真1-11～写真1-13が堂平山430MHzレピータだけの山かけ通信と堂平山430MHzレピータから札幌430MHzレピータ，堂平山430MHzレピータから札幌1200MHzレピータにゲートウェイ接続する設定の画面です．表示のFROMは自局がアクセスするレピータ，TOが接続したいレピータです．

これでわかるようにレピータの名前で表示されるため，現在の無線機の設定がどのようになっているか，どのように設定したかが一目瞭然です．

設定の操作は，ID-80とID-880やIC-9100は「DR」と「UR」のキー操作，ID-31やID-51は「上下（DRとRX→CS）」キーと「決定」キー，IC-7100やID-5100はディスプレイの「FORM」や「TO」をタッチして行い

ます．写真1-14が各機種のDR機能を使用するときの設定キーです．また，ID-31，ID-51，ID-5100，IC-7100は，GPS機能を利用すると自局の位置から近い順にレピータ局のリストが表示されて，レピータ局の方向や距離がわかる「最寄レピータ」機能があります（詳細は第2章の「最寄レピータの検索を参照」）．DR機能での設定はレピータの名前だけわかれば良いため，レピータのコールサインや周波数，R1・R2・識別などの意味や，ややこしい設定方法がわからなくても簡単な操作をマスターするだけで山かけやゲート越え通信の設定ができてしまいます．

● レピータを1局だけ使用する交信（山かけ）

レピータ使用の基本で，自局がアクセスするレピータだけ使う交信方法です．交信範囲はレピータ局がカバーしている範囲になります．

写真1-11は，自局がアクセスするレピータFROMが「堂平山430」でTOが「CQCQCQ」になっています．この「CQCQCQ」はDR機能のTO選択メニューにある「山かけCQ」を選択したときの設定です．この設定はアクセスしたレピータだけから電波が出ますので，山かけ交信になります．

レピータを使用するときのCQの出し方と応答方法は，次のように行います．

- CQCQCQ D-STARこちらはJR1UTI堂平山レピータ　山かけです．どなたかお聞きの局QSOをお願いします．どうぞ

D-STARはレピータを2局使用できるため，どこのレピータにアクセスしてどこに接続しているのかがわかるように，自局がアクセスしているレピータの名称をアナウンスします．こうすることで，山かけのときもレピータをワッチしている局がゲート越えなのか山かけなのかがわかります．

応答は次のように行います．

図1-12　D-STAR各機種のDR機能の操作方法

ID-51, ID-31の操作

自局のコールサイン(MY)が設定してあり、レピータ・リスト(DRデータ)が登録されている必要がある．

平野430MHzレピータ(JP3YHH)から浜町430MHzレピータ(JP1YIU)に接続する設定例

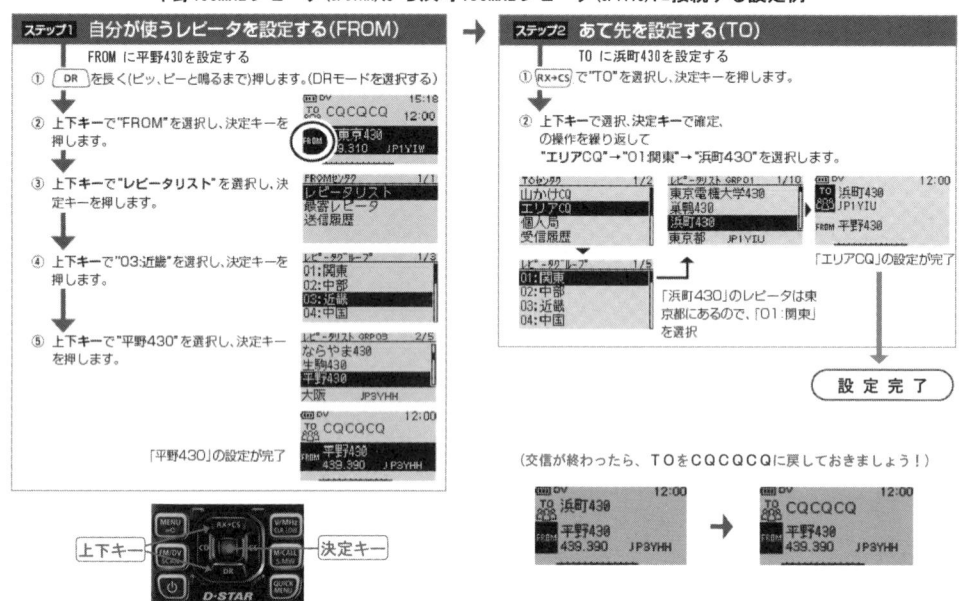

ステップ1　自分が使うレピータを設定する(FROM)

FROM に平野430を設定する

① [DR] を長く(ピッ、ピーと鳴るまで)押します．(DRモードを選択する)
② 上下キーで"FROM"を選択し、決定キーを押します．
③ 上下キーで"レピータリスト"を選択し、決定キーを押します．
④ 上下キーで"03:近畿"を選択し、決定キーを押します．
⑤ 上下キーで"平野430"を選択し、決定キーを押します．

「平野430」の設定が完了

ステップ2　あて先を設定する(TO)

TO に浜町430を設定する

① [RX÷CS]で"TO"を選択し、決定キーを押します．
② 上下キーで選択、決定キーで確定、
　の操作を繰り返して
　"エリアCQ"→"01:関東"→"浜町430"を選択します．

「エリアCQ」の設定が完了

「浜町430」のレピータは東京都にあるので、「01:関東」を選択

設定完了

(交信が終わったら、TOをCQCQCQに戻しておきましょう！)

IC-9100の操作

自局のコールサイン(MY)が設定してあり、レピータリスト(DRデータ)が登録されている必要がある．

浜町430MHzレピータ(JP1YIU)から平野430MHzレピータ(JP3YHH)に接続する設定例

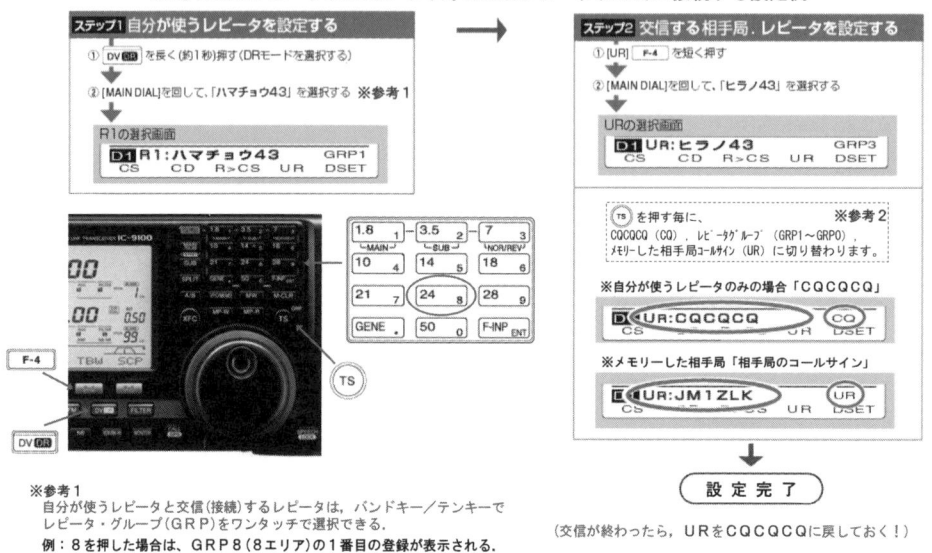

ステップ1　自分が使うレピータを設定する

① [DV DR] を長く(約1秒)押す(DRモードを選択する)
② [MAIN DIAL]を回して、「ハマチョウ43」を選択する ※参考1

R1の選択画面
D1 R1:ハマチョウ43　GRP1
CS　CD　R>CS　UR　DSET

ステップ2　交信する相手局．レピータを設定する

① [UR] [F-4] を短く押す
② [MAIN DIAL]を回して、「ヒラノ43」を選択する

URの選択画面
D1 UR:ヒラノ43　GRP3
CS　CD　R>CS　UR　DSET

[TS] を押す毎に、　※参考2
CQCQCQ(CQ)，レピータグループ(GRP1～GRP0)，
メモリーした相手局コールサイン(UR)に切り替わります．

※自分が使うレピータのみの場合「CQCQCQ」
D UR:CQCQCQ　CQ　DSET

※メモリーした相手局「相手局のコールサイン」
D UR:JM1ZLK　UR　DSET

設定完了

(交信が終わったら、URをCQCQCQに戻しておく！)

※参考1
　自分が使うレピータと交信(接続)するレピータは、バンドキー／テンキーでレピータ・グループ(GRP)をワンタッチで選択できる．
　例：8を押した場合は、GRP8(8エリア)の1番目の登録が表示される．
　　　メイン・ダイヤルを右に回すとGRP8が順番に選択できる．左に回すとGRP7になる．

30 | D-STAR通信がすぐわかる本

第1章　D-STAR通信を始めよう

IC-7100, ID-5100の操作　自局のコールサイン(MY)が設定してあり，レピータ・リスト(DRデータ)が登録されている必要がある．

堂平山430MHzレピータ(JP1YKR)から，浜町430MHzレピータ(JP1YIU)に接続する設定例

ステップ1　自分が使うレピータを設定する(FROM)

FROM に堂平山430を設定する

① DR を押します．
② FROM をタッチ
③ レピータリストをタッチ
④ 関東をタッチ
⑤ ▼▲ かダイヤルを回して堂平山が表示されたら堂平山をタッチ
⑥ FROMに設定される

※この状態（TOがCQCQCQ）で堂平山レピータのみの運用が可能．（俗にいう「山かけ」）

表示例はIC-7100

ステップ2　あて先を設定する(TO)

TO に浜町430を設定する

① TO(CQCQCQ) を2回タッチ
② エリアCQをタッチ
③ 関東をタッチ
④ ▼▲ かダイヤルを回して浜町が表示されたら浜町をタッチ．
⑤ TO に設定される

設定完了

（交信が終わったら，TOをCQCQCQに戻しておく！）

- JR1UTIこちらはJQ1ZGYどうぞ

　山かけの場合は，アクセスしているレピータ1局だけの使用のため普通に応答します．応答するときは呼び出し局が「山かけ」とアナウンスしているので，レピータの名称をアナウンスしなくてもわかりますが，

- JR1UTIこちらはJQ1ZGY堂平山レピータ 山かけです．どうぞ

でもかまいません．

● **レピータを2局使用する交信（ゲート越え）**

　自局がアクセスするレピータ局以外にもう1局使う交信方法です．山かけと違いCQや特定局の呼び出しをする前に確認することがあります．自局がアクセスするレピータ局はレピータからの電波が受信できるため使用中のときはわかりますが，接続先のレピータ局の音声は聞こえないため使用中かどうかわかりません．そのためいきなりCQを出すのではなく，まずは接続先のレピータが使用中でないかの確認を行います．同時に，ゲート越えの設定と接続が正常かどうかの確認と，接続先のレピータで交信中の局への割り込みや中断の防止になります．確認する方法はPTTを1〜2秒押して送信（カーチャンク）して，受信に戻したときのメッセージを確認します．レピータからの電波を受信して「ピッ」と音がしま

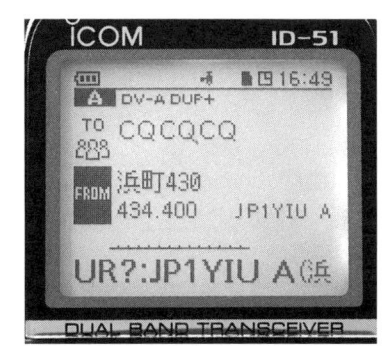

写真1-15　カーチャンクをしてレピータ局からのメッセージを確認する．「UR?」は正常の状態

表1-4 カーチャンクしたときに表示されるメッセージとその意味（堂平山レピータにアクセスしたときの例）
「UR?：JP1YKR A/」のように UR? が表示されればOK　　■は良く目にするメッセージ

GW越えQSO		メッセージ	主な理由
できる	❶	UR?:JP1YKR　A/	URに指定したレピータに接続されていて，接続先のレピータは使用可能
できない	❷	RPT?:JP1YKR　A/	URに指定したレピータに接続されていて，接続先のレピータは使用中
	❸	RPT?:JP1YKR　G/ RPT?:(URのｺｰﾙ)G/	URのコールサインが違っている，レピータのゲートウェイ（GW）が不調，自局のコールサインをJARLの管理サーバに登録してない，自局やレピータのコールサインが違っている，MYの8桁目の識別（なし，A～Fなど）が違っている，コールサイン指定呼出で相手局がJARLの管理サーバに未登録，など
	❹	RX:JP1YKR　A/	設定したR1（RPT1）かR2（RPT2）または両方のレピータのコールサインが違っている ※RXでなくRPT?が表示される機種がある
	❺	RX:　　　　/	レピータに自局のコールサインが認識されていない（電波状況/アクセスが悪い） MYに自局のコールサインを設定してない（MYがブランク）

すので，このときに無線機のディスプレイの下側に表示されるメッセージを確認します（**写真1-15**）．最初の文字が「UR?」と表示されれば正常な状態で接続先のレピータも使用中ではありません．「RPT?」や「RX?」が表示された場合は，接続先のレピータが使用中か自局のアクセス状況が悪いとき，もしくは設定に何か問題があります．詳細は**表1-4**を参照してください．

ゲート越え通信を行う場合とコールサイン指定呼出（後述）を行う場合は，最初に必ずこの確認を行ってください．

確認のカーチャンクの結果，「UR?」が表示されれば正常ですのでCQを出します．CQを出すときや応答するときにどのようにするかはD-STARとしての決まりはありませんが，次のような方法で行われています．

❶ **CQを出すときは簡潔に**

D-STARは受信した局のコールサインが表示され，機種によってはコールサインを音声で読み上げる機能がありますので，このような特徴を生かしてCQは簡潔に行います．

❷ **自局が使用しているレピータと接続先のレピータの名称をアナウンス**

特にゲート越えの場合は，どこのレピータを使用しているかをアナウンスするとワッチしている局がわかりやすくなります．例えば，堂平山レピータから札幌レピータに接続してCQを出した場合は，札幌レピータの局とのQSOが目的ですので，堂平山レピータを受信している局はCQを出している局がゲート越えで札幌レピータの局を呼び出しているということがわかります．

❸ **CQを出したらしばらくワッチする**

応答したい局が設定に時間がかかっている可能性もあります．特に相手局がモービル運用の場合はすぐに設定ができない場合がありますので，しばらくワッチします．

CQを出すときと応答するときは，次の例のように行います．実際にレピータをワッチしていると，この方法が定着しているようです．

- CQ CQ CQ D-STARこちらはJR1UTI堂平山レピータから札幌レピータです．札幌レピータでどなたかお聞きの局QSOお願いします．どうぞ

山かけでCQを出すときと同じように，ワッチしている局が山かけなのかゲート越えなのかがわかりますのでレピータの名称もアナウンスします．接続先の札幌の局も堂平山レピータからゲート越えでCQを出していることがわかりますので，応答の準備ができます．

応答する場合は次のようになります．

- JR1UTIこちらはJA8＊＊＊札幌レピータからで

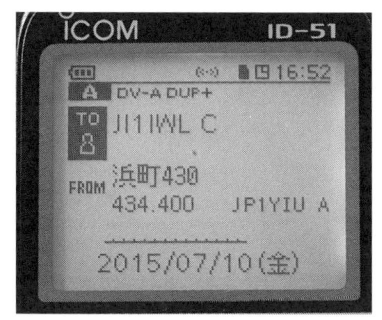

第1章　D-STAR通信を始めよう

写真1-16　コールサイン指定呼出時の相手局コールサイン設定例．Cは識別

す．どうぞ

CQを出すときと同じように，応答するときも使用しているレピータの名称をアナウンスすることで，CQを出した局が札幌レピータの局から応答があったということがわかります．

● コールサイン指定呼出

ゲート越え通信でCQを出すときはレピータのコールサインを設定しますが，「コールサイン指定呼出」という方法があります．

「コールサイン指定呼出」は，呼び出す相手局がどのレピータをワッチしているかわからないときにこの方法を使用します．この方法は「無線機に自局のコールサインの設定」（p.16）の説明のように，その局が最後に使用したレピータの情報が管理サーバに登録されているため，呼び出したい相手局のコールサインを無線機のTOやu(ur)に設定して呼び出しをすると相手局が最後に使用したレピータから自動的に電波が出る仕組みです．もちろん，呼び出す相手局も管理サーバにコールサインを登録している必要があります．

よって，相手局がそのレピータではなくほかのレピータに移ってしまって一度も使用してないときは，相手局は違うレピータ局をワッチしているため呼び出されても相手局には聞こえません．ワッチするレピータを変えたときは一度だけカーチャンクをして「UR?」の確認をしておくと，自局宛てのコールサイン指定呼出があったときにわかります．このときのカーチャンクはゲート越え設定にしてなくてもかまいません．

コールサインの識別についても注意することがあります．コールサインにAやBなどの識別を付加している局をコールサイン指定で呼び出す場合は，**写真1-16**のように識別も含めて相手局のコールサインを設定する必要があります．

図1-13　識別の必要性

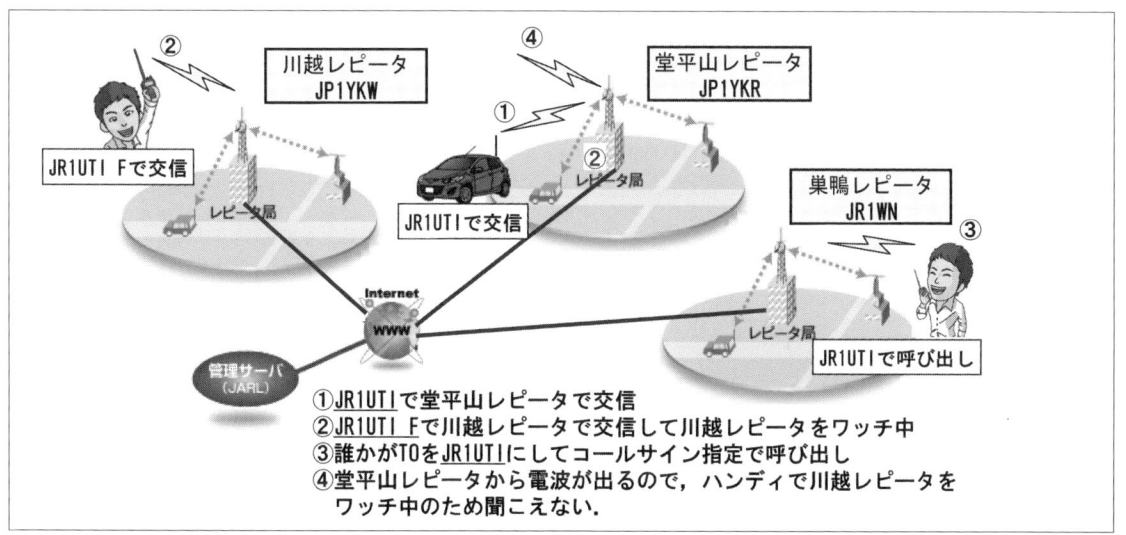

① JR1UTIで堂平山レピータで交信
② JR1UTI_Fで川越レピータで交信して川越レピータをワッチ中
③ 誰かがTOをJR1UTIにしてコールサイン指定で呼び出し
④ 堂平山レピータから電波が出るので，ハンディで川越レピータをワッチ中のため聞こえない．

D-STAR通信がすぐわかる本

図1-14 相手局の一時設定の方法(ハンディ機と漢字表示非対応機)

CQを出している局に応答する時や過去に受信した局を呼び出す場合は，この操作で UR に相手局のコールサインが設定され，レピータのコールサインを設定しなくても「コールサイン指定呼出」として，応答・呼び出しをすることができる．
注：相手局のコールサインが正常に受信できてない場合は「NoCALL」表示やコールサインが表示されないため設定できない．

RX-CSのセット方法

ID-91, ID-92　[CALL/RX-CS]を長押し
応答したいコールサインが表示されたら離します．
応答したい局が表示されない場合は、長押しのままダイヤルを回して、コールサインを選択します．

ID-80　[8▼/RX-CS]を長押し

ID-31, ID-51　[RX→CS]を長押し

ID-80 → [DR/U] の U が点滅
ID-31, 51 → [TO/&↓] の ⇦ が点滅

ID-800　[BK/TONE/T-SCAN]を長押し (直前の受信コールサインが設定される)

ID-880　[CS]を長押し (直前の受信コールサインが設定される)

受信履歴からの選択→
①MENU画面に入り，「RX CAL」(受信履歴)の設定内容を表示します．
　MENU画面 → RX CAL → 1(最新の受信履歴)
　[MENU]：メニュー　[DIAL]：選択　*[↵](MONI)：決定
②[DIAL]で，受信履歴(2～20)を選択します．
③[MW](S.MW)を長く(ピッ，ピーと鳴るまで)押します．

[DR/U] の U が点滅

例えば，JR1UTIが識別を付けてないコールサインを設定しているモービル機から堂平山レピータで交信して，識別Fを付けたコールサインを設定しているハンディ機は川越レピータで交信していたとします．車から降りてハンディ機で川越レピータをワッチしているときに，識別を付けてないコールサインで呼び出しをした場合は堂平山レピータから電波が出るため，JR1UTIには聞こえないということになります(**図1-13**)．この場合はJR1UTIが識別を付けていないコールサインの無線機から川越レピータでカーチャンクをしておくか，呼び出す側の局が識別Fを付けて呼び出す必

コラム❸　設定項目やメッセージなど機種による表示の違い

設定項目の表記は違いますが，意味は同じです．操作方法は機種によって長押し・押し続けなどの違いがあります．

アクセスレピータ	接続先相手局	相手局一時設定	機種
r	u	RX→CS	ID-80, ID-880
r	ur	R>CS	IC-9100
FROM	TO	RX>CS	ID-5100
FROM	TO	RX→CS	ID-31, ID-51, IC-7100

受信したメッセージに無線機が対応してない文字がある場合は，表示が_(アンダーバー)になります．ID-880とID-80は対応してないカタカナはローマ字に変換され，変換後の文字数が20文字を超えても表示します．

送信 ID-51　　　　　　Train「トウキョウ-コガ」569M
受信 ID-800　　　　　　TRAIN_____-____569M
受信 ID-880 TRAIN_TOUKYOU-KOGA_569M

34　D-STAR通信がすぐわかる本

要があります．識別は8桁目に設定します．
　コールサイン指定の呼び出し方法は次のようになります．

- JR1UTIこちらはJQ1ZGY堂平山レピータからコールサイン指定です．聞こえていましたら応答をお願いします．どうぞ

相手局が最後に使用したレピータが堂平山レピータの場合は，ゲート越えではなく山かけになります．無線機内部の設定はゲート越えになっていますが，コールサイン指定呼出の場合は設定エラーにはなりません．

　コールサイン指定呼出のときも呼び出す側はどのレピータを使用しているかをアナウンスします．接続先のレピータ名称は相手局が最後に使用したレピータになるため，どこのレピータかわかりませんので「コールサイン指定です」とアナウンスします．レピータをワッチしている局もコールサイン指定で呼んでいるということがわかります．

● 応答するときの操作

　ここまでは呼び出す側の説明をしましたが，呼び出しをしている局に応答するときの操作について説明します．CQやコールサイン指定で呼び出しをしている局に応答する場合は三つの方法があります．

❶ 山かけで呼び出しをしている局の場合

　TOやu(ur)の設定が「CQCQCQ」になっていれば，そのまま応答すれば良いので簡単です．「CQCQCQ」になっているかは必ず確認してください．「CQCQCQ」以外になっている場合は，ゲート越えをしてほかのレピータに接続してしまいますので要注意です．

❷ ゲート越えで呼び出しをしている局の場合

　DR機能の場合は，呼び出しをしている局が使用しているレピータの名称をアナウンスしているレピータを，TOまたはu(ur)にレピータ・リストから選択します．

　DR機能がない無線機はレピータのコールサインの最初に/を付加してTOまたはu(ur)にコールサインを書き込みます．この操作は複雑になるためメモリにあらかじめレピータのコールサインを書き込んでおく方法もありますが，メモリ数に制限があるため現実的ではない方法です．

❸ 相手局一時設定（ワンタッチ応答）を使用する方法

　これは呼び出し局のコールサインをTOやu(ur)に一時的に設定する方法です．操作はRX→CSで行います（図1-14）．RX→CSを押したままダイヤルを回して設定したいコールサインを選択する方法や，一度押して選択する方法など機種によって違います．呼び出し局がどこのレピータを使用しているかわからないときにもこの操作をすれば，呼び出し局が使用しているレピータに接続されます．実際の運用ではゲート越えの局に応答するときには，❷を使う必要はありません．操作が簡単な❸の方法だけで十分です．この操作をして設定すると「コールサイン指定呼出」と同じ方法になります．一時的な設定ですので，交信が終わった後にRX→CSをもう一度押せば元の設定に戻るため，とても便利な機能です．

　TO，u(ur)やRX→CSの表示は機種によって違うものがありますが，それぞれの意味と機能は同じです（**コラム3**）．

● レピータを使用するときの注意

　レピータは多数の局が使用しますので，譲り合って使用することが基本といえます．特にD-STARはレピータの電波が届く範囲だけでなく，ゲート越え通信方法があるため，どこから接

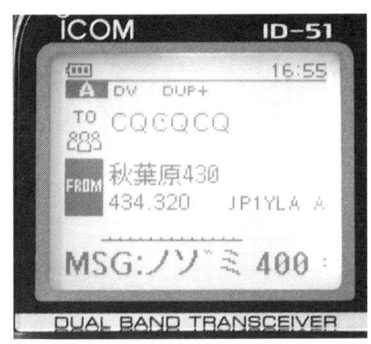

写真1-17　メッセージ付加機能による通信の表示例

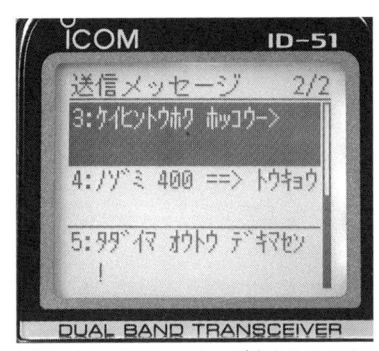

写真1-18　送出メッセージをあらかじめ5種類登録しておくことができる

続してくるかわかりません．あまり神経質になる必要はありませんが，レピータを使用しているということを気に留めた運用がスマートな利用方法になります．

- **カーチャンクの繰り返しや接続先レピータを変えて連続カーチャンクは控える．また不必要なカーチャンクはしない**

カーチャンクをした局がレピータを使用するのかしないのかがわからないため，ワッチしているレピータを使用したい局側は先に使っていいかどうか判断ができない場合があります．

- **呼び出しをしても応答がないときに連続してCQを出したり，接続先レピータを変えて連続してCQを出すことは控える．また，交信が終わったら次のCQまで時間を空ける**

レピータを使用するため交信が終わるのを待っている局やほかのレピータからゲート越えでの呼び出し局があるかもしれません．交信が終了したら連続してCQを出さずに，しばらく時間を空けるようにします．

- **長時間の交信や連続交信は控える**

レピータはシンプレックスのメイン・チャネルのようなものです．多数の局が使用しますので1回の交信はなるべく短時間に終わるようにし

ます．30分とか1時間とか連続使用やラグチューをしている局がときどきあります．長くても5～10分くらいを目安として，長時間連続で独占使用にならないように注意します．

- **自局がアクセスしているレピータに相手局もアクセスできる場合は，ゲート越えでなく山かけにする**

電波の状況が悪く安定してアクセスできないときや移動中ですぐに操作ができないなど以外は，山かけに変更します．

ゲート越えはレピータ2局を占有してしまいますので，お互いが同じレピータにアクセスできるときは山かけで交信してレピータを空けるようにします．レピータを使用するときのマナーとして，ほかのレピータ使用局に迷惑にならないようにしましょう．

いろいろな機能を使った交信

● **メッセージの付加機能**

D-STARはDVモードの標準機能を使用して，送信と同時に文字メッセージを送ることができます．受信時に受信した局のコールサインが表示された後に，MSG：に続けて文字（メッセージ）が表示されるのを見たことがあると思います（**写真1-17**）．

文字種と文字数は半角のカタカナ・アルファベット大文字と小文字・数字・記号などを，最大20文字まで5種類を無線機に登録できます．**写真1-18**のように無線機にあらかじ登録したメッセージを送るため，無線機の設定だけで特別なソフ

や機器は必要ありません．

　ID-800，ID-80，ID-880，ID-1などは使用できない文字があります．使用できない文字が入っているメッセージを受信した場合，アルファベット小文字は大文字に変換されて表示されますが，対応してない文字の場合は表示が＿（アンダーバー）になります．

　ID-80とID-880はカタカナが1文字ずつローマ字に変換されます(**コラム3**)．

　また，コールサインの後に/が表示されますが/の後も4文字のメッセージとして使えます．この4文字はコールサインの一部のように見えますが，D-STARの仕様では意味のない単なる4文字として扱われます．

　文字は半角のアルファベット大文字と数字，記号の/が使えます．ID-31やID-5100など機種名を入れている局をよく見ますが，モービル時や常置場所以外から運用するときは/1と表示されるように使っている局もあります．コールサインの後に/1と表示したいときは，コールサイン編集画面の/の後に1を登録します(**写真1-3-3**)．

　コールサインに続けて/1を設定するとJR1UTI/1/となってしまい，D-STARの仕様では正式なコールサインではないと認識されてしまいますので注意してください．ほかに車で移動中はCAR，常置場所の場合はHOMEなどもいいかもしれません．

　ID-31やID-5100の設定は，MENUの「自局設定」→「送信メッセージ」で登録して，送りたいメッセージを選択します．OFFにするとメッセージは送信されません．

　コールサインの後の4文字は「自局設定」→「自局コールサイン」で設定します．編集画面の/の右に入力します．自局コールサインは6種類設定できますので，コールサインは同じままで，この4文字をID51やHOMEやCARなどに変えて登録しておけば運用形態に応じて使い分けができます．この4文字はメッセージ送信の設定がOFFでも送信時に付加されます．

　JR1UTI /ID51
　JR1UTI /HOME
　JR1UTI /CAR
など．

　無線機本体でメッセージの登録は1文字ずつの入力になります(第2章「文字入力の基本操作」を参照)．慣れればすぐにできますが，クローニング・ソフトを使用したほうが簡単に入力できます．

　メッセージは，レピータを使用してもシンプレックス通信でも送ることができますので，運用形態に応じてメッセージの使い分けをすると音声以外のコミュニケーションとして面白いと思います．実際に見たメッセージや面白いメッセージの例を紹介します．無線機にはこのように表示されます．

　RX:JP1xxx /CAR　MSG:ID-5100 D-PRS 438.01
　RX:JQ1xxx /HOME MSG:ウメノミヤコ　ミトウメマツリ
　RX:JR1xxx F/1　MSG:タダイマ　オウトウ　デキマセン！
　RX:JS1xxx C/ID51 MSG:^_^シンカンセン_ミズホ・600A

● **GPSの使用と位置情報**

　位置情報を使用すると，便利な使い方や面白い使い方ができます．ID-31，ID-51，ID-5100，IC-2820GにはGPS受信機が内蔵されていますが，ほかの機種は内蔵されていないため，市販品や自作

表1-5　主なD-STARトランシーバの機能比較

機種	GPSレシーバ接続	位置情報	コンパス表示	GPS衛星表示	進路方向	速度	相手局距離	高度	時刻※3	相手コール表示	グリッドロケーター	DPRS(GPS-A)	DPRS SSID	GPSロガー	位置情報自動応答
IC-9100	市販	○	○	×	×	×	○	○	○	○	○	○	○※5	×	×
IC-7100	市販	○	○	○	○※1	○※1	○	○※1	○※2	○	○	○	○※6	×	△※7
ID-31	内蔵	○	○	○	○※1	○※1	○	○※1	○※2	○	○	○	○※6	○	○
ID-51 / ID-5100	内蔵	○	○	○	○※1	○※1	○	○※1	○※2	○	○	○	○※6	○	○
ID-91	市販	○	×	×	×	×	×	×	×	×	×	×※4	×	×	×
ID-92	市販純正GPSマイク	○	×	×	×	×	×	×	×	×	×	○	×	×	×
ID-80	市販純正GPSマイク	○	×	×	×	×	×	×	×	×	×	○	×	×	×
ID-880	市販	○	×	×	×	×	×	×	×	×	×	○	×	×	×
IC-2820	内蔵	○	×	×	×	×	×	×	×	×	×	○	×	×	×
ID-800	市販	○	×	×	×	×	×	×	×	×	×	×※4	×	×	×
ID-1	×	×	×	×	×	×	×	×	×	×	×	×	×	×	×

※1 受信(相手局)も表示可能　※2 内蔵時計自動合わせ可能　※3 市販で表示しないものあり　※4 受信したDPRSデータをPCへの出力は可能
※5 0～15設定可能　※6 0～15,A-Zすべて設定可能　相手局のシンボルも表示　※7 自動応答は未対応　相手局の自動応答のポップアップ表示は可能

表1-6　本体送信(GPSモード)設定と受信可能GPSデータの互換表

本体に相手局の位置情報が表示されかどうか．
○：表示される
×：表示されない
(注)IC-2820は、送信設定とは別にGPS機能をONに設定
GPS-G(DV-G)(NMEA)：DVモード
　D-STAR間のデータ形式
GPS-A(DV-A)(DPRS)：DPRSモード
　APRSのデータ形式
※ID-5100は、呼び方が変わりました．
　GPS-G,DV-G → NMEA
　GPS-A,DV-A → DPRS

機種	ID-31, ID-51, ID-5100, ID-9100, ID-7100		ID-92 ID-80, ID-880		IC-2820	
受信データ	GPS-G(DV-G)(NMEA)	GPS-A(DV-A)(DPRS)	GPS-G(DV-G)(NMEA)	GPS-A(DV-A)(DPRS)	GPS-G(DV-G)(NMEA)	GPS-A(DV-A)(DPRS)
本体送信設定 OFF	○	○	○	○	×	×
GPS-G(DV-G)(NMEA)	○	○	○	×	○	×
GPS-A(DV-A)(DPRS)	○	○	○	○	○	×

機種	ID-91 ID-800	
受信データ	GPS-G(DV-G)(NMEA)	GPS-A(DV-A)(DPRS)
本体送信設定 GPS OFF	○	×
GPS ON	○	×
-	-	-

のGPS受信機を接続する必要があります．

　各機種の主な機能の比較は**表1-5**のとおりです．また，ID-31，ID-51，ID-5100，IC-7100，IC-9100には任意の位置が入力できる「マニュアル位置」の設定があるので，マニュアルで位置情報を設定しておけば屋内などでGPS衛星からの電波が受信できない場所で運用するときに，自局の位置情報の送信や相手局の方向・距離などを確認することができます．マニュアル位置は緯度・経度・高度（IC-9100は緯度と経度）が設定できます．

　GPS機能をONにするには，MENUの「GPS」を選択して「GPS設定」→「GPS選択」で設定します．

GPSをONにするとディスプレイ上側にGPSアイコンが表示されます．点滅中はGPS衛星の電波を補足していませんので，点滅が点灯状態になるまで待ちます．マニュアル位置の場合は，GPSアイコンは表示されません．

　自局の位置情報を送信する場合は送信モードをONにします．送信モードは2種類あり，MENUの「GPS」→「GPS送信モード」で設定します．GPS，DV-G，DV-Aなど機種によって表示の違いがあり，ID-5100はDV-GがNMEA，DV-AがD-PRSになっています．GPSとDV-GおよびNMEAは一般に使われている標準のGPSデータ・フォーマット

第1章　D-STAR通信を始めよう

図1-16　D-PRS機能を利用したAPRS通信使用時の各種設定機能

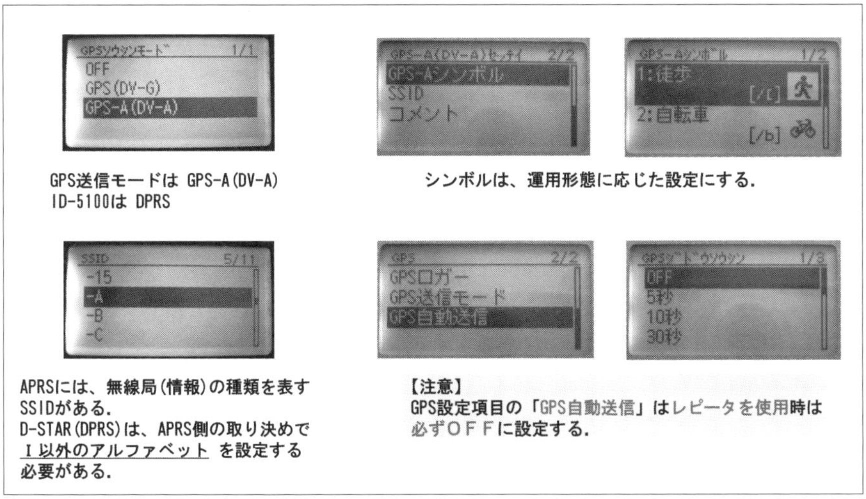

GPS送信モードは GPS-A(DV-A)
ID-5100は DPRS

シンボルは、運用形態に応じた設定にする。

APRSには、無線局(情報)の種類を表す
SSIDがある。
D-STAR(DPRS)は、APRS側の取り決めで
I以外のアルファベット を設定する
必要がある。

【注意】
GPS設定項目の「GPS自動送信」はレピータを使用時は
必ずOFFに設定する。

様に準拠するためにSSIDやシンボルなどをAPRS側の取り決めに従って無線機の設定が必要です(図1-16).

送信した位置情報をAPRSサーバに送るためには，I-GATE局という受信した位置情報をインターネット経由でAPRSサーバに送る局が必要になります．D-STARのI-GATE局は，レピータを受信している局とシンプレックスで受信している局があり，シンプレックスは438.01MHzが多いようです．また，D-STARはI-GATE局が少ないため位置情報は必ずAPRSサーバに送られるとは限りません(第4章 資料編I-GATE局リスト参照).

I-GATE局は無線機メーカーや特定の団体が設置するものでなく，個人やクラブがボランティア的に設置しています．また，I-GATE局を立ち上げる場合はAPRS側に負担にならないように，すでにI-GATE局が受信しているレピータに対しては立ち上げないことと，シンプレックスの場合も受信エリアが重複しないようにする考慮が必要です．

で，D-STAR機同士の情報はこのモードで動作します．DV-AとD-PRSはAPRSシステム用のデータ・フォーマットになり，APRSと互換性を持たせるためのD-PRS機能を使用してAPRSシステムに位置情報を送ることができます．D-PRS機能の場合は旧機種では相手局の位置情報が表示しないなど，動作しない機能があります(表1-6).

各機種の設定方法は図1-15(次ページ)です．機種により設定方法や使える機能が違いますのでID-51の例で簡単に説明します．送信モードがOFFになっていてもD-PRS機能以外の機能は動作します．

• D-PRS機能とAPRS(ID-91, ID-800以外が対応)

APRS(Automatic Packet Reporting System)は，いろいろな情報を発信・受信するシステムで世界中で利用されています．位置情報のデータはAPRSサーバに蓄積され，自局や他局の位置を地図上で見ることができます．APRSは，本来単に位置情報を表示するものだけではありませんが，D-STARではD-PRS機能を使用して位置情報をAPRSサーバに送っています．また，APRSの仕

【注意】無線機に「GPS自動送信」の設定があります．レピータを使用するときは設定を必ず「OFF」にしてください．これは，GPSで受信した位置情報を設定した間隔(5秒，10秒，30秒，1分など)で自動送信する機能です．この間隔で自動的に送信してしまうので，十分注意が必要です．

• 自局と相手局の位置情報の表示(ID-31, ID-51, ID-5100, IC-9100, IC-7100が対応)

D-STAR通信がすぐわかる本　39

図1-15　GPS機能の設定例

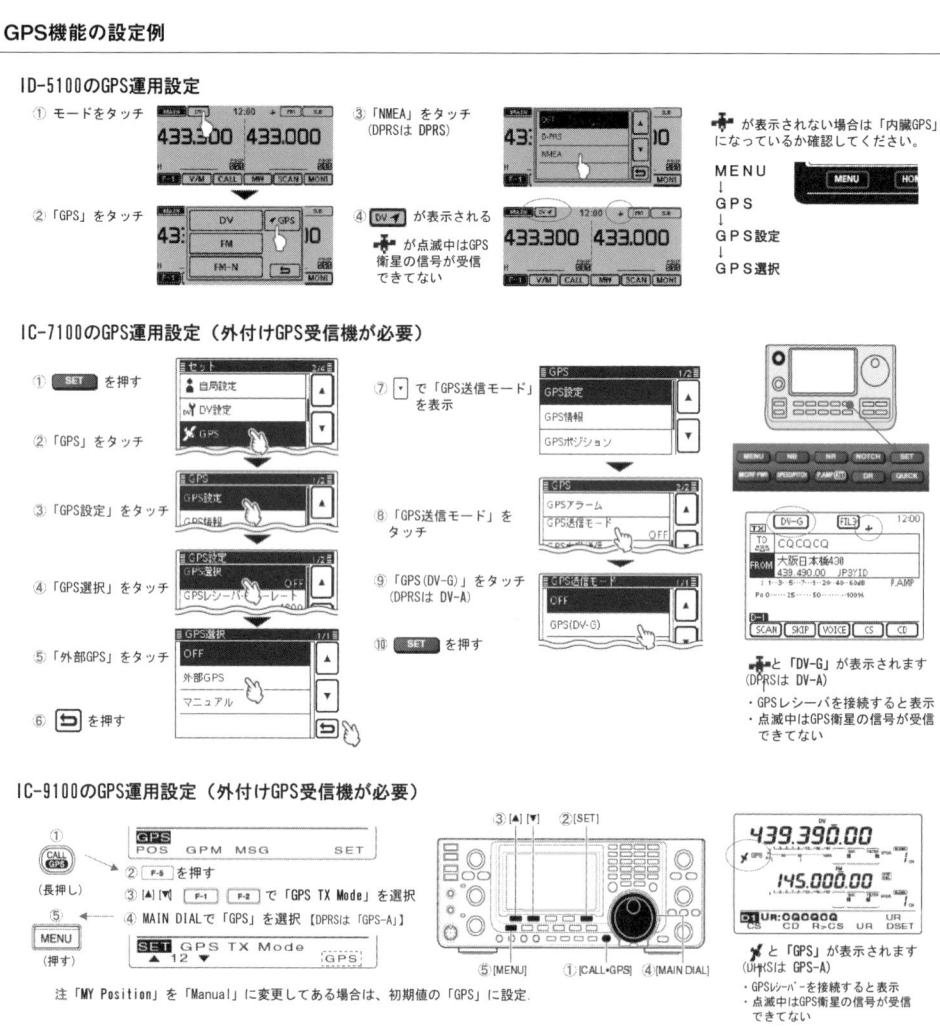

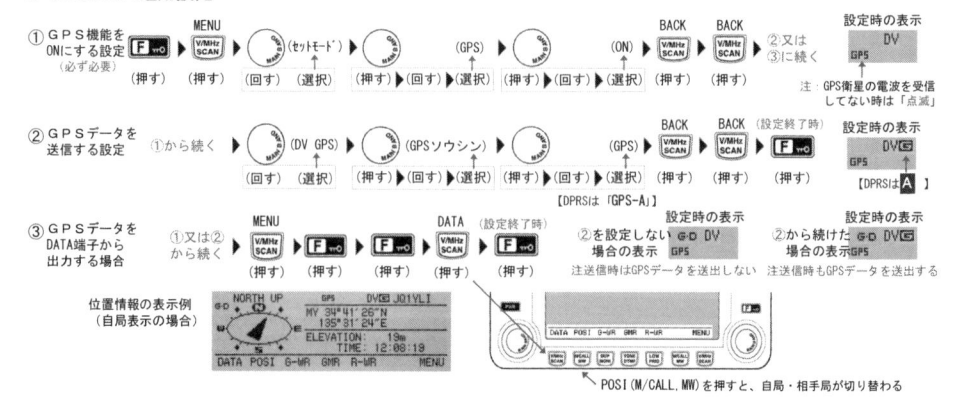

第1章　D-STAR通信を始めよう

ハンディ機のGPS運用設定（ID-91，ID-92，ID-80は外付けGPS受信機が必要）

（ID-31／ID-51／ID-51PLUS の操作手順図）

（ID-91 の操作手順図）

（ID-92 の操作手順図）

（ID-80 の操作手順図）

ID-880のGPS運用設定（外付けGPS受信機が必要）

（ID-880 の操作手順図）

- 「GPS」と「DVG」表示されます（DPRSは DVA）
- GPSレシーバーを接続すると表示
- 点滅中はGPS衛星の信号が受信できてない

ID-800のGPS運用設定（外付けGPS受信機が必要）

（ID-800 の操作手順図）

- モード表示（DV）は変わりません
- GPS衛星の電波受信状況の表示はありません。

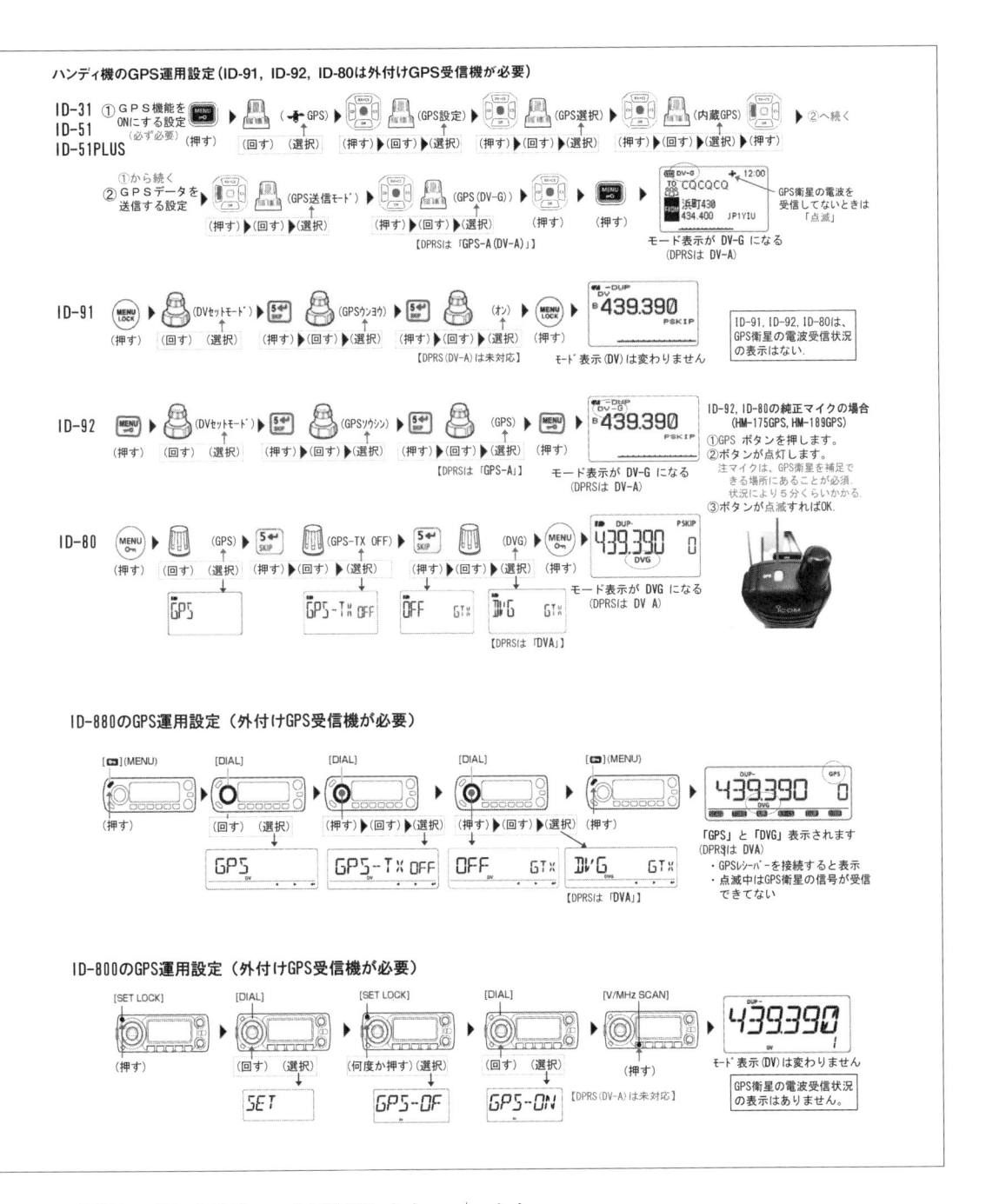

QUICKを押して「GPSポジション」を選択します．ダイヤルか上下キーで自局(MY)，相手局(RX)，設定したGPSメモリ(MEM)などの表示に変わります．

表示される内容は機種によって違いますが，**写真1-19**のようにコンパス・位置・距離・高度・グ

D-STAR通信がすぐわかる本 | 41

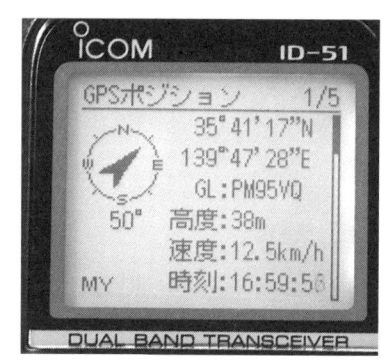

写真1-19 GPS搭載機のGPS信号受信表示．自局の位置（ポジション）を表示

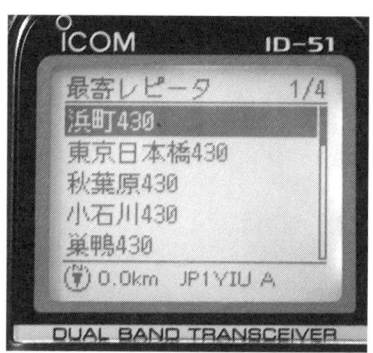

(1) 最寄レピータを検索表示してくれる

写真1-20 GPS情報の応用表示例

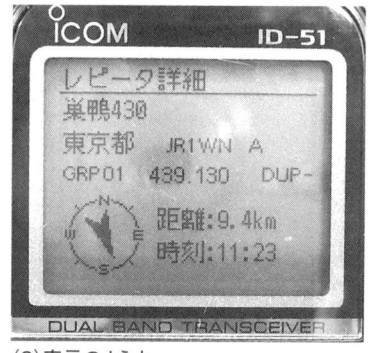

(2) 表示のようす

リッド・ロケーター・速度などです．この状態でQUICKを押すと，コンパス方向の変更やメモリ登録などのサブ・メニューになります．

- **最寄りレピータの検索**(ID-31，ID-51，ID-5100，IC-7100が対応)

DR機能のFORMの位置で決定キーを押して「最寄レピータ」を選択すると，無線機に登録されているDR機能用のレピータ・リストのレピータの位置情報を元に，自局の位置からレピータの距離が近い順に20局（ID-31は10局）表示されます（**写真1-20(1)**）．

表示の下側にはレピータまでの距離と方向が表示されますが，登録してあるレピータ・リストのレピータの位置情報が「正確」でなく「だいたい」の場合は5kmより近いレピータの方向は表示されません．

- **レピータの詳細情報**(ID-31，ID-51，ID-5100，IC-7100が対応)

DR機能の状態でQUICKを押して「レピータ詳細表示」を選択します．FORMまたはTOに設定したレピータのレピータ名・コールサイン・周波数・レピータまでの距離と方向などを，レピータ・リストのレピータの位置情報を元に表示します．最寄りレピータと同じように，レピータ・リストの位置情報が「だいたい」で登録されている場合は5kmより近いレピータの方向は表示されません（**写真1-20(2)**）．

- **アラーム機能**

GPSメモリに登録した場所から自局が一定の距離に入ったときにアラームを鳴らす機能です．メモリに登録した場所全部かメモリ・グループ（バンク設定）単位の場合は，メモリに登録した場所が設定した範囲に入るとその場所ごとにアラームが鳴ります．設定できる範囲は，自局の位置から東西南北方向にそれぞれ5秒～59分59秒の正方形の設定になります（**図1-17**，アラームエリア1）．例えば，場所AとBの2か所を登録した場合，Aに近づいて設定の範囲に入ったときにアラームがなり，Aの範囲から離れてBに近づいて設定の範囲に入ったときに再びアラームが鳴ります．新幹線の駅を登録しておくと駅に到着するたびにアラームを鳴らすことができます．メモリに登録した特定の場所1か所を設定したとき，または設定を「受信」にした場合は位置情報を送信している局を受信したときに，その場所やその局から半径500mまたは半径1000mもしくは両方の距離になったときにアラー

第1章　D-STAR通信を始めよう

図1-17　GPS機能とGPSメモリを使用したアラーム機能

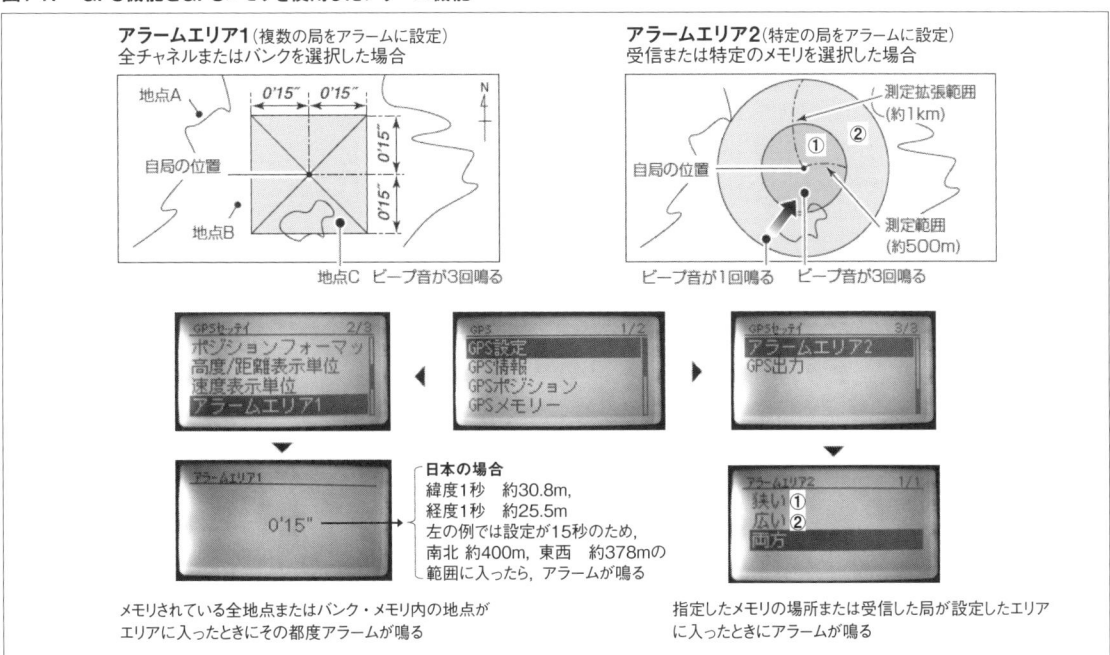

図1-18　GPSロガー機能

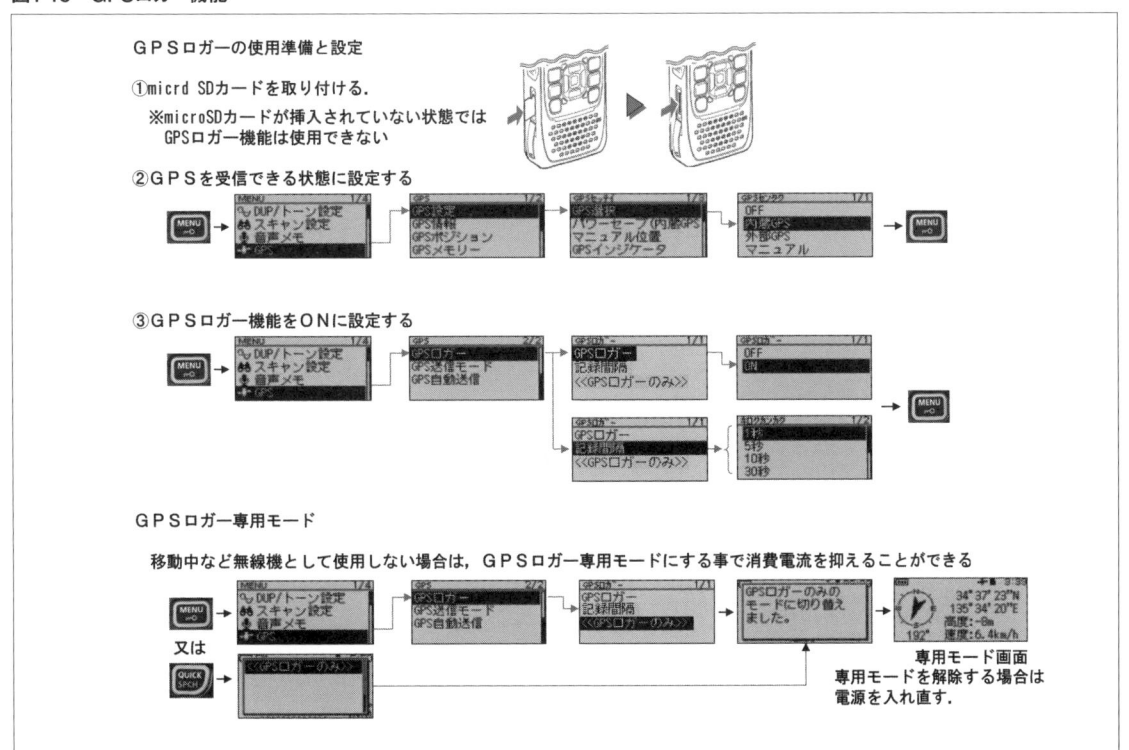

図1-19 ロガー・データを地図ソフトに表示したところ

地図ソフトで軌跡の表示【Google Earthの例】

①Google Earth立ち上げ、[ファイル]→[開く]をクリック．
　※ログデータは、microSDカードの機種名フォルダーの中の GPSフォルダに記録されている．

②ファイルの種類からＧｐｓ(*gpx‥,*log‥)を選択し，ログファイルを読み込む．

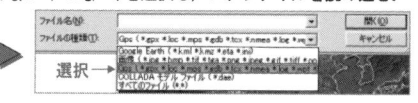

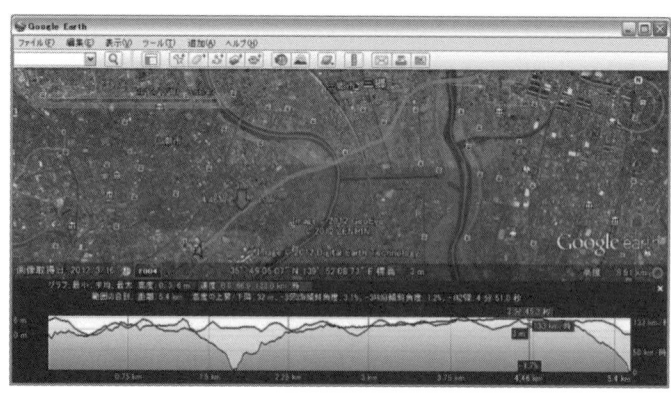

左の地図は、水色の軌跡を右クリックし、「高度プロファイルを表示」を選択し，地図下部に高度・速度を表示した例．
地図の赤矢印のポイントの速度133km/h、高度3mが読み取れる．

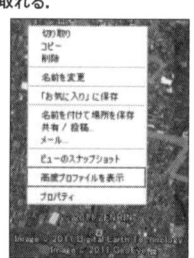

※ログデータの読み込み方は，使用している地図ソフトの操作方法に従う．

図1-20 位置情報の自動応答

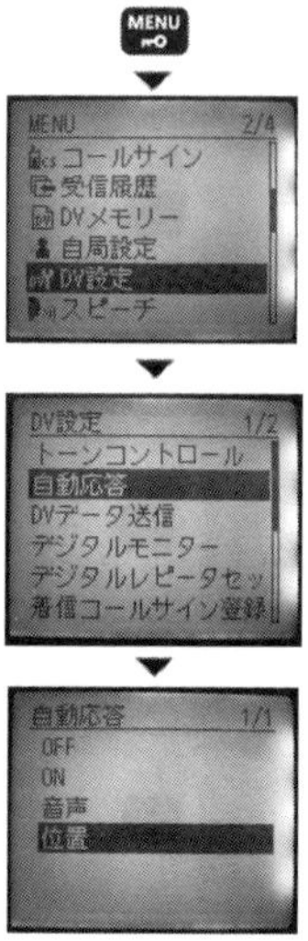

自局宛のコールサイン指定で呼び出しがあったとき(受信した時)に，自動的に設定を一時的に変えて自動で送信される

ＯＮ：自局のコールサインとメッセージを送信
　※音声、位置の時も送信される
音声：無線機に録音した音声を送信
位置：GPSの位置情報を送信
　※ID-5100、ID-51とID-51PLUSのみが対応、IC-7100は相手局の自動応答を受信時にポップアップ表示のみ対応．

機種別の機能の違い

	機種名	メッセージ(コールサイン)	音声送信	位置情報送信	位置情報ポップアップ
モービル	ID-1	○	×	×	×
	ID-800	○	×	×	×
	IC-2820G	○	○	×	×
	ID-880	○	×	×	×
	ID-5100	○	○	○	○
ハンディ	ID-91	○	×	×	×
	ID-92	○	○	×	×
	ID-80	○	×	×	×
	ID-31	○	×	×	×
	ID-51	○	○	○	○
	ID-51PLUS	○	○	○	○
固定	IC-7100	○	○		○
	IC-9100	○	×	×	×

メッセージの例：AUTO REPLY DE JR1UTI
音声録音の例　：こちらはJR1UTIです。自動応答で送信しました。

ID-51のポップアップ画面　　　IC-7100のポップアップ画面

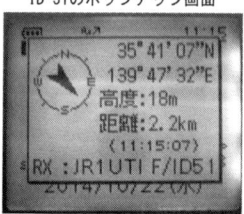

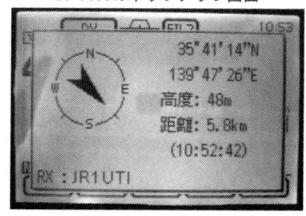

44　D-STAR通信がすぐわかる本

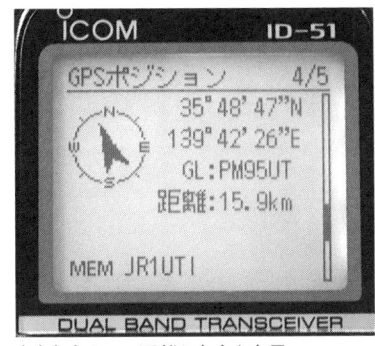

第1章　D-STAR通信を始めよう

(1) 自宅までの距離と方向を表示
(2) 旅客機内でGPSを受信しての表示
写真1-21　GPS情報の応用表示例

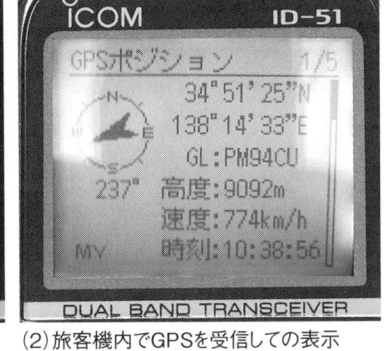

ムを鳴らすことができます.（**図1-17**，アラームエリア2）

- GPSロガー機能（ID-31, ID-51, ID-5100が対応）

　市販のGPSロガーのように自分が移動した情報を記録する機能です．情報は無線機にセットしたSDカードに記録されます．記録間隔は1秒，5秒，10秒，30秒，60秒の5種類から選べます．このデータを地図ソフト上に軌跡として表示することができます．ID-31とID-51は無線機能をすべて止めてGPSロガー専用としても使えます．

　図1-18のようにMENUの「GPS」→「GPSロガー」で設定します．**図1-19**がロガー・データを地図ソフトに表示した例です．

- 位置情報の自動応答と相手局の位置情報のポップアップ表示（ID-51，ID-5100が対応）

　自動応答機能を「位置情報」に設定しておくと，コールサイン指定で呼ばれたときの自動応答時に位置情報が付加されます．呼び出し側のディスプレイに方向や距離などの情報が**図1-20**のようにポップアップで表示されます．IC-7100の自動応答には「位置情報」の設定がないため，自動応答時に位置情報の付加はできませんが，ID-51やID-5100から自動応答があった場合は相手局の情報がポッ

プアップ表示されます.

　受信時のポップアップ表示の設定は，各機種ともMENUの「ディスプレイ設定」→「自動応答位置表示」で設定します．初期値はONになっています．

　ID-5100は，受信した局が位置情報を出している場合は，自動応答に関係なく受信した局の位置情報がポップアップ表示される機能があります．MENUの「ディスプレイ設定」→「受信位置表示」で設定します．初期値はONになっています．GPSを使用すると以上のような機能がありますので，運用シーンに応じて位置情報機能を応用すると便利な使い方や面白い使い方ができます．

- シンプレックス運用時にビーム・アンテナの方向に利用

　相手局の方向がわかるため，ビーム方向を探らなくても簡単に合わせることができます．

- GPSメモリに自宅の位置を登録しておき，カーナビの「自宅」機能のように自宅までの距離（注：直線距離）や方向の確認

　自宅に限らず目的地までの直線距離や方向がわかります（**写真1-21(1)**）．

- 乗車中の新幹線や飛行機などで，スピードや走行方向，飛行方向，高度を確認

　GPSポジションのMY（自局位置）です．景色が見えないときや夜でも楽しめます．緯度経度がわかる地図を持参しているとより楽しめます．飛行機は2014年9月1日から規制緩和になったため，飛行機の機種によりますがタキシング中や離着陸中でも使用できるようになりました．ただし航空会社

表1-7　各機種の自動応答機能

機種名	ON	音声	位置情報
ID-31	○	○	×
ID-51	○	○	○
ID-51PLUS	○	○	○
ID-5100	○	○	○
IC-7100	○	○	×
IC-9100	○	×	×

の対応を確認するとともに，使用できる場合は搭乗前に機能設定の「PTTロック」を必ず「ON」にして受信機として使用してください（**写真1-21(2)**）．

● アイボールで待ち合わせのときに利用

相手局に指定の場所で待ってもらっている場合，お互いに位置情報を出して一度交信をすると相手局の方向と距離がわかります．GPSポジションのRX（受信局位置）です．交信を続けなくても，無線機のコンパス表示を見ながらアイボール相手の所のまでたどり着くことができます．

● 最寄り駅の手前でアラームが鳴るように設定

アラーム機能の応用です．乗り越し防止や目覚まし代わりなど，どんなときに使用するかは想像してください．

● 自動応答機能

D-STAR無線機には，相手局からコールサイン指定で呼ばれたときに自動で応答する機能があります．自動応答の設定は「ON」，「音声」，「位置情報」の3種類があります．**表1-7**が各機種の機能です．

ON：自局のコールサインとメッセージを送信
音声：録音しておいた音声を送信

録音時間は最大10秒間です．音声は，無線機のマイクから録音する方法と，パソコンなどで作成した音声ファイルを使用する方法があります．音声データは，SDカードのReplyフォルダに入れます（**図1-8**）．

位置情報：GPSで受信した位置情報やマニュアルで設定した位置情報を送信

位置情報は「GPSの使用と位置情報」で説明のとおりです．設定を音声または位置情報にした場合でも，自局のコールサインとメッセージも送信されます．自局の位置を知らせたいときや応答できない状況のときに，メッセージを「タダイマオウトウデキマセン」や音声で「ただ今応答できませんので，のちほどこちらから呼びます」などにして，相手局に伝える使い方ができます．

● 簡易データ通信機能

無線機にあらかじ登録した20文字までのメッセージを音声と同時に送る以外に，簡易データ通信機能があります．無線機のデータ端子にパソコンを接続してパソコンの通信ソフトを使用し，文字情報を伝送する方法です．文字情報はデジタル信号の中に文字情報と音声を別々にデータ化しているため，音声通信をしながら文字を同時に送ることができます．送れる文字はASCIIコードの文字だけになります．また，パソコンの通信ソフトの種類や通信環境により文字化けが発生する場合があります．送り方はパソコンのキーボードで文字を直接入力する方法と，あらかじめ作成した文章のテキスト・ファイルを送る方法があります．キーボードで直接入力して送信する方法は，チャット感覚で通信ができます．送信時間は作成した文章のテキスト・ファイルの送信テストの結果，半角1000文字で約10秒，全角（漢字）1000文字で約20秒でした．文字だけを送っているときは音声が入らないため無変調と勘違いされる可能性がありますので，送信中に「ただ今，文字情報を送信しています」などをアナウンスします．特にレピータを使用するときは「文字データを送信します」とか「テキスト文章を送信中です」とアナウンスしながら送信します．テキスト・ファイル

第1章　D-STAR通信を始めよう

を送る場合は文字数が多いと送信時間がかかってしまうので注意が必要です．

簡易データ通信は，特別な送信方法ではなく平文のままになります．また，アマチュア無線ですので暗号や秘話機能は使えないためワッチしている局にも内容が受信できてしまうので，文章の内容にも注意が必要です．

● 画像伝送と文字通信

簡易データ通信機能は，D-STAR対応無線機すべてで使用できる文字のみを送信する機能ですが，専用のソフト「RS-MS1A」をインストールしたスマートフォンやタブレットを使用すると画像や文字を送ることができます．ただし，簡易データ通信の文字伝送とは互換がないため通信できません．

専用ソフトRS-MS1Aは「Google Play」から無償でダウンロードしてインストールすることができますが，スマートフォンやタブレットの仕様は「Android 4.0」以上が必要です．無線機によって使える機能は違いますが，画像伝送と文字(テキスト)伝送はD-STAR対応無線機(**表1-8**)の全機種で可能です．無線機にはオプションのデータ通信ケーブル「OPC-2350LU」で接続します．ID-5100はオプションのBluetoothユニット(UT-133)を本体内に取り付ければ，Bluetoothを使用してワイヤレス接続も可能です．OPC-2350LUは，CS-31などの設定ソフトを使用して無線機を設定するときのクローニング・ケーブルとしても使用できます．

データの伝送速度は，DVファースト・データとDVスロー・データの2種類があり，ID-5100とID-51PLUSはDVファースト・データに対応しています．ID-5100同士とID-51PLUS同士やID-5100とID-51PLUS間の通信は，DVスロー・データより伝送速度が3.5くらい早くなります．

写真1-22　画像伝送実験中のようす

(1) D-STARトランシーバとAndoroidタブレットを使う

(2) スマホ・アプリを起動して伝送する画像を表示させたところ．「送信開始」で画像伝送できる

伝送速度の注意として，ID-31や旧タイプのID-51などはDVファースト・データには対応してないため，DVファースト・データは受信できません．

画像を送るときは，送信側でDVファースト・データ設定のファースト・データを「OFF」にする必要があります．DVファースト・データ対応無線機は，ファースト・データが「ON」のままでもDVスロー・データを受信することができます．

ID-5100のDVファースト・データは，2014年10月30日に公開されたファームウェアのバージョン「ReleaseJ2」から対応になりました．2015年5月22日には「ReleaseJ3」が公開されました．ファームウェアはアイコムWebサイトのサポートページからダウンロードすれば，ユーザーでのバージョンアップが可能です．

IC-7100とIC-9100以外は，データ伝送中にPTTを押すと音声も送ることができます．画像伝送中

D-STAR通信がすぐわかる本　47

◀(1)画像A

▶(2)画像B

写真1-23 画像通信のようす
ID-31とID-51を使ったDVスロー・データ通信

に「ただ今画像伝送中です」や「画像の半分位まで送信しました」など，音声でアナウンスができます．DVファースト・データの場合は，PTTを押している間は自動的にDVスロー・データに切り替わりますので伝送速度が遅くなります．

写真1-22は，画像通信の実験をしているところです．使用した無線機はID-31とID-51PLUSのためDVスロー・データですが，設定を普通画質とサイズ320×240にした場合は2分半ほどで伝送できます．単色部分の割合や色の重なり具合など，画像によって伝送時間は増減します．

写真1-23は，実際に通信して受信した画像です．画像Aは完全に受信できていますが，画像Bは黒い四角が入

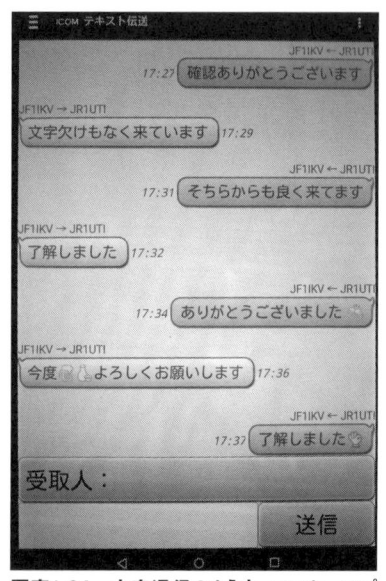

写真1-24 文字通信のようす．スマホ・アプリの「LINE」のようなやり取りができる

っているところがあります．RS-MS1Aの受信画面では，ノイズは「白」になります．音声と同じで，受信した信号が不安定のときやマルチパスの影響などで，デジタル信号の中のデータの一部に抜けやエラーが発生して復調できないために，このようになります．

写真1-24は，文字通信です．LINEのような感じでたいへん見やすい表示です．

● **無線機とAndroid端末のつなぎ方と設定のポイント**

D-STAR対応無線機は，ほぼすべての機種で画像伝送が可能ですが専用のソフト「RS-MS1A」の操作説明書ではID-31以降の機種が対応無線機になっています．実際に各機種に接続して検証した結果はID-1を除く全機種で画像伝送が可能でした．**表1-8**が検証結果をまとめたものです．

● **画像伝送の検証内容**

テスト環境
- GALAXY Note SC-05D Android 4.1.2
- Nexus 7（2013） Android 5.0.2
- RS-MS1A Ver. 1.2.0
- OPC-2350LU（接続ケーブル）

検証内容と補足
- ID-5100とID-51PLUS以外はファースト・データ未対応のため，スロー・データで送受信
- ID-5100とID-51PLUSでの受信は，ファースト・データ・モードでも受信可能

※ID-51PLUSは，CI-V（DATA端子）を「ON（エコーバックOFF）」に設定

- **表1-8**の「PTT音声」は，画像伝送中にPTTを押して音声が出せるかどうか

※IC-7100とIC-9100は変調がかからない

ただし，PTTを押してから画像送信開始をするとPTTを押している間は変調がかかるが，一度

第1章　D-STAR通信を始めよう

PTTを放すと次にPTTを押しても変調はかからない．

DVデータ送信設定をPTTにすると変調がかかるが，画像伝送が終わるまでPTTを押し続ける必要があり変調もかかったままになる．

- DVデータ送信「オート」ときは，送信開始前に約500msのキャリアセンスが動作する

● 機種ごとの説明

データ端子の形状が違うID-800とID-92は接続ケーブルOPC-2350LUを接続できないため，図

表1-8　D-STARトランシーバの画像通信検証一覧

機種		GPS設定 OFF	外部	内部	マニュアル	GPS送信モード OFF	GPS-G	GPS-A	GPS出力 OFF	ON	DVデータ送信	データスピード	PTT音声	備考
ID-5100	受信時	○	○	○	○	○	○	○	○	×	初期値 オート	初期値 9600		・GPS設定を外部以外，GPS出力をOFFでOK
	送信時	○	×	○	○	○	○	○	○	○	オート	9600	○	・画像伝送時はDATA端子を使用するため，GPS外部出力は不可
	推奨設定	○■		○■	○■	○■	○■	○■	○		オート	9600		
ID-31 ID-51	受信時	○	○	○	○	○	○	○	○	×	初期値※ オート	初期値 9600		・GPS設定は，外部以外はOK ・画像伝送時はDATA端子を使用するため，GPS外部出力は不可 ・ID-51PLUSは，CI-V(DATA端子)をON(エコーバックOFF)に設定 ※ID-31の初期生産品はPTTになっている．
	送信時	○	×	○	○	○	○	○	○	○	オート	9600	○	
	推奨設定	○■		○■	○■	○■	○■	○■	○		オート	9600		
IC-7100	受信時	○	△	—	○	○	×	×	○	×	初期値 オート	初期値 4800		・接続：DATA1 ・設定：IC-7100 USB2/DATA1 DATA1端子機能をDVデータ ・設定：IC-9100 USB2/DATA1 Funcを[DVdat](MENUの64番) ・GPS出力の設定(ON時)は，USB2 △設定可，但し画像伝送時はDATA1を使用するため外部GPSは接続不可
	送信時	○	△	—	○	○	×	×	○	○	オート	4800	△※	
	推奨設定	○■	△■	—	○■	○■			○		オート	9600		
IC-9100	受信時	—	△	—	○	○	×	×	○	×	初期値 PTT	初期値 4800		※PTTを押してから画像送信開始するとPTTを押している間は音声が出る．一度PTTを放すと次にPTTを押しても音声は出ない．設定をPTTにすると変調がかかる．ただし，画像伝送が終わるまでPTTを押し続ける必要があり，変調もかかったままになる．
	送信時	—	△	—	○	○	×	×	○	○	PTT	4800	△※	
	推奨設定	—	△■	—	○■	○■			○		オート	9600		
IC-2820	受信時	○	—	○(ON)	—	○	○	○	○	×	初期値 PTT	9600(固定)		・GPS設定は，ON,OFFどちらでも可 設定：MENU → セットモード → GPS → ON / OFF ・画像伝送時はDATA端子を使用するため，GPS外部出力は不可
	送信時	○	—	○(ON)	—	○	×	×	○	○	PTT	(固定)	○	
	推奨設定	○■	—	○■	—	○			○		オート	9600		
ID-80 ID-880	受信時	—	—	—	—	○	○	○	×	—	初期値 PTT	初期値 9600		・画像伝送時はDATA端子を使用するため，外部GPSは接続不可
	送信時	—	—	—	—	○	×	×	—	—	PTT	9600	○	
	推奨設定	—	—	—	—	○			—		オート	9600		
ID-800	受信時	—	—	—	—	○	×(ON)	—	—	—	初期値 PTT	初期値 9600		・画像伝送時はDATAソケット(ミニDIN 8ピン)を使用するため外部GPSは接続不可 ・OPC-1384で接続接続にはD-SUB 9ピン(オス)⇔2.5φ3P(ジャック)変換が必要
	送信時	—	—	—	—	○	×(ON)	—	—	—	PTT	9600	○	
	推奨設定	—	—	—	—	○	—	—	—		オート	9600		
ID-92	受信時	—	—	—	—	○	×	×	—	—	初期値 PTT	38400(固定)		・画像伝送時はDATA端子を使用するため，外部GPSは接続不可 ・コントロールソフト(RS-92)の付属ケーブルで接続接続にはD-SUB 9ピン(オス)⇔2.5φ3P(ジャック)変換が必要
	送信時	—	—	—	—	○	×	×	—	—	PTT	(固定)	○	
	推奨設定	—	—	—	—	○	—	—	—		オート	38400		
ID-91	受信時	—	—	—	—	○	×(ON)	—	—	—	初期値 PTT	38400(固定)		・画像伝送時はDATA端子を使用するため，外部GPSは接続不可
	送信時	—	—	—	—	○	×(ON)	—	—	—	PTT	(固定)	○	
	推奨設定	—	—	—	—	○	—	—	—		オート	38400		
IC-U1 IC-V1	受信時	—	—	—	—	○	×(ON)	—	—	—	初期値 PTT	初期値 9600		・画像伝送時はDATA端子を使用するため，外部GPSは接続不可
	送信時	—	—	—	—	○	×(ON)	—	—	—	PTT	9600	○	
	推奨設定	—	—	—	—	○	—	—	—		オート	9600		

「○」受信又は送信OK，「×」動作しない，「—」：設定項目なし，「■」：いずれかの設定でOK

図1-21　OPC-2350LUが使えない機種の接続例

【OPC-2350LUが使えない機種】
・ID-800とID-92は，変換ケーブル「D-SUB9ピン(オス) ⇔ 2.5φ3P用ジャック」を作成すると使える．
・ID-800は「ミニDIN8ピン プラグ」と「2.5φ3P用ジャック」でケーブルを作成すれば，別売のOPC-1384は不要．

写真1-25　RS-MS1の初期画面

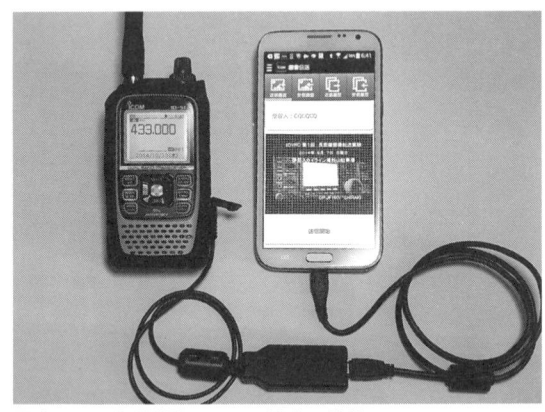

写真1-26　無線機とAndroid端末の接続
OPC-2350LUで無線機とスマホやタブレットを接続

1-21のような変換ケーブルが必要です．ID-800用の部品はminiDIN8ピン・プラグと2.5φステレオ・ジャック，ID-92用の部品はD-SUB9ピンオスと2.5φステレオ・ジャックです．

RS-MS1Aの起動時の「接続する無線機の選択」でID-51PLUSは「ID-51(PLUS)」を，そのほかの機種は「その他(USB接続)」を選択します(**写真1-25**)．

無線機側の基本設定は，GPS関連(GPS設定，GPS送信モード，GPS出力)をOFFしてDVデータ送信をオートにします．データスピードはID-91とID-92は38400bps，ほかの機種は9600bpsにします．

以下は，各機種の接続と設定方法です．

• ID-5100

Bluetoothユニットを装着しなくてもケーブル接続で動作します．Bluetooth接続のようにAndroid端末から本体の操作はできませんが，伝送速度はファースト・データが可能です．伝送速度の切り替えは無線機のメニューで行います．

接続と設定は，本体のDATA端子にOPC-2350LUを接続し，GPS設定を外部以外にしてGPS

50　D-STAR通信がすぐわかる本

第1章　D-STAR通信を始めよう

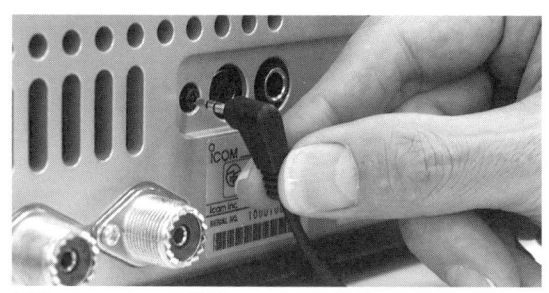

写真1-27　IC-9100後面のDATA1に接続

写真1-28　IC-9100は本体の設定変更で送受信可能

写真1-29　IC-2820Gも送受信可能

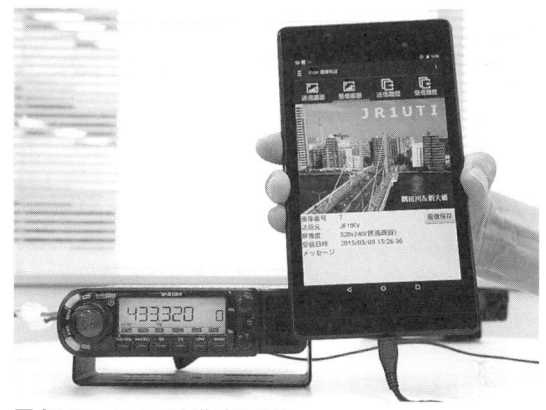

写真1-30　ID-880も送受信可能
兄弟機ID-80も画像通信可能だ

出力をOFFに設定します．

・ID-31とID-51，ID-51PLUS

　本体側面のDATA端子にOPC-2350LUを接続します（**写真1-26**）．GPS設定は内部とマニュアルでも動作します．ID-51PLUSのみ，MENUの機能設定の「CI-V（DATA端子）」を「ON（エコーバックOFF）」に設定します．

・IC-7100

　本体後面のDATA1端子にOPC-2350LUを接続します．無線機のMENUで「外部端子」メニューの「USB2/DATA1端子機能」の中の「DATA1端子機能」を「DVデータ」にして「DVデータ/GPS出力ボーレート」を「9600」に設定します．

　送信開始後にPTTを押しても音声は出ません．

・IC-9100

　本体後面のDATA1端子にOPC-2350LUを接続します（**写真1-27**）．無線機のMENUで「USB2/DATA1 Func」を「[DVdat]/GPS」にして「DVdat/GPS Out Baud」を「9600」に設定します（**写真1-28**）．

　伝送信開始後にPTTを押しても音声は出ません．

・IC-2820G

　本体前面のDATA端子にOPC-2350LUを接続します．表1-8のとおりGPS関連の設定をOFFにするだけで動作します（**写真1-29**）．

・ID-80とID-880

　ID-80は本体側面にID-880は本体後面のDATA端子にOPC-2350LUを接続します．表1-8のとおりGPS送信モードをOFFにするだけで動作します（**写真1-30**）．

D-STAR通信がすぐわかる本 | 51

写真1-31　IC-U1でも送受信に成功
元祖D-STARハンディ機IC-U1/IC-V1（UT-118を装着したもの）でも画像の送受信ができる

- ID-800

　変換ケーブルを使用してOPC-2350LUを本体後面のDATAソケットに接続します．表1-8のとおりGPS送信モードをOFFにするだけで動作します．

- ID-92

　変換ケーブルを使用してOPC-2350LUをコントロールソフトRS-92の付属ケーブルを介して本体上部のDATA/SP/MIC端子に接続します．

　データスピードが38400bps固定のため，RS-MS1A側のアプリケーション設定のUSB設定でボーレートを38400bpsに変更します．

- ID-91

　本体前面のDATA端子にOPC-2350LUを接続します．データスピードが38400bps固定のため，RS-MS1A側のアプリケーション設定のUSB設定でボーレートを38400bpsに変更します．

- IC-U1とIC-V1

　本体側面のDATA端子にOPC-2350LUを接続します．表1-8のとおりGPS送信モードをOFFにするだけで動作します（写真1-31）．

ロールコールやコンテストでD-STAR通信を楽しむ

● シンプレックス・ロールコール

　シンプレックスでの交信は自分の電波が相手局に直接届く必要があるため地域限定になりますが，1エリアのロールコールを紹介します．

　2010年10月より「1エリアDVモードシンプレックスロールコール」が開催されています．略して「1DVRC」といい，CQ誌（CQ ham radio）にも何度か取り上げられているロールコールです．

　毎月第1日曜日と第3日曜日の13時からを原則として開催していて，2015年10月で回数が97回になりました．長距離伝搬実験も年に1～2回あり，過去に富士山5合目や伊豆大島などから運用しています．また，2014年10月からはDVモードでの画像伝送ロールコールも同時に実施されるようになりました．

　周波数は主に430MHz帯を使用しますが，ほかのバンドでも実施するときもあります．JARL推奨の呼出周波数ができたため，一度呼出周波数でコールしてからサブ・チャネルにQSYする方式です．430MHzの場合は，433.30MHzでコールして上側に20kHz間隔でQSYする方法が標準の運用方法になっています．FM局と混信になる可能性がありますので，ロールコールの途中でチャンネルが変更になるときがあります．参加（チェックイン）は自由ですので，ぜひ参加してみてください．開催時は，使用する周波数や運用地などが1DVRCメーリング・リストで案内されます．筆者のWebページでも案内しています．

● レピータでのロールコール①

　毎週土曜日夜に実施されている，レピータのゲート越え通信を利用した全国規模のロールコール

第1章　D-STAR通信を始めよう

を紹介します．

　このロールコールは，ゲート越え通信に慣れてもらう目的で開催されています．D-STARを始めて間もないときは，無線機の設定やゲート越えの相手局と通信する不安がありますが，このロールコールのときに応答することによってゲート越え通信が簡単にできることが体験できます．DR機能ができる前は，設定が複雑だったため設定の検証にもなりました．

　開催時は19時ごろからスタートしています．通常は2エリアのレピータからゲート越え通信で各レピータにコールがあります．順番は1エリアからで，1エリアの各レピータにゲート越えでアクセスが終わると2エリアのレピータという方法になります．応答は自由ですので，コールが聞こえたときはぜひ応答してみてください．

　現在のゲートウェイ接続レピータ局数は約190局ありますので，ロールコールを実施している局（キー局）はたいへん苦労があると思います．また，キー局が使用している通常レピータは名古屋大学430レピータですので，ロールコール中に名古屋大学430レピータにゲート越えで接続したときに「RPT?」（使用中）になる場合が多くなりますので注意が必要です．

● レピータでのロールコール②

　レピータ局の管理団体が主催している，レピータ限定のゲート越えロールコールもあります．レピータはJP1YIK古河430とJP1YCS大子430を使用しています．

　開催日時はレピータの長時間占有にならないように，毎週月曜日の20時30分〜21時までの30分間です．当初はD-STARに慣れる目的で古河430だけで実施されていましたが，大子430が開局したことで両方のレピータ利用局がゲート越え通信に慣れるために始まりました．キー局は古河430側です．このロールコールも参加は自由です．どちらかのレピータにアクセスできる場合は，ゲート越えに設定して参加してください．古河430にアクセスする場合は，大子430のゲート越えの設定をします（FROMが古河430で，TOが大子430）．

● D-STARコンテスト

　コンテストはJARL主催，クラブ主催など毎週のように実施されていますが，D-STARで参加できるコンテストはほとんどありません．JARL主催は1月の「QSOパーティ」だけで，ほかのコンテストにはD-STAR（モードDV）では参加することができません．

　D-STARで参加できるコンテストは，毎年11月に開催されるJARL東海地方本部主催の「D-STARコンテスト」があります．このコンテストはレピータの使用が可能で，シンプレックス交信の得点優遇やD-STAR対応無線機を使えば，相手局がD-STAR対応無線機を使用してなくてもFMモードでの交信も得点になるなど，参加しやすいルールです．

　もう一つは，9月に開催されるアイコムの海外子会社主催の「D-STAR QSOパーティ」があります．シンプレックスやレピータを問わずD-STARでより多くの局と交信するのが基本ルールです．2014年は，GPSを利用して相手局との距離や交信した国がポイントになるルールが追加になりました．このコンテストの開催の有無や楽しんでもらうためのルール変更の可能性があるため，メーカーのWebサイトでの情報収集が必要です．

　コンテストではありませんが，日本アマチュア無線機器工業（JAIA）が主催する「JAIAアワー

ド」というものがあります．毎年8月に開催される期間限定アワードで，より多くの局と交信して交信ポイントを集めるとアワードがもらえます．このアワードは全バンド・全モードですが，D-STARでの交信はポイントが優遇になるルールになっています．

そのほか，JARLの支部やクラブ主催のコンテストも開催されるときがありますので，CQ誌やJARL NEWSなどでコンテスト開催情報をチェックしてみてください．

HF & 50MHzでD-STAR通信を楽しむ

レピータ運用やモービル機とハンディ機での運用局が多いため，430MHz帯が多く使われていますが，IC-7100とIC-9100でHFや50MHzでも楽しめます．

HFは24MHz帯以下が許可されないため28MHz帯で運用が可能です．運用できる周波数は，使用区分（バンドプラン）によりV・UHF帯と同じ「広帯域の電話」の区分になります．実際の運用は28MHz帯が29.00〜29.30MHz，50MHz帯が51.00〜52.00MHzが使われています．

50MHzは，51.30MHzがJARL推奨デジタル呼出周波数になっていますので，運用しやすいと思います．この周波数でCQを出している局に応答して交信したことがありますが，D-STARだからといって特に特殊なことはありませんでした．28MHzと50MHzで電離層反射でなく直接波で交信したときも，144MHzや430MHzのシンプレクスと変わりない通信ができました．

28MHzと50MHzは電離層反射で遠距離通信が期待できます．電離層反射のときのD-STARは，どのようになるかです．デジタルはマルチ・パス（反射波）やQSBの影響を受けやすいため，うまく復調できないのではと思っていましたが，実際はかなり良好のようです．

残念ながら筆者はまだ電離層反射での通信は経験がありませんが，28MHzで海外交信をした局と50MHzのEスポで交信した局の話では，まったく問題なく通信ができたそうです．東京都新宿区の局からは，50MHzのEスポで信号強度(S)が1〜2と弱くても良好に通信ができたとのレポートをいただきました．

1-5　D-STARレピータ局を立ち上げる

レピータ局の現状と開設に必要な条件

D-STARレピータ局は，2015年10月現在全国に180か所に設置されています．周波数別では，DV（音声）レピータは430MHzが175局，1200MHzが31局で合計206局です．430MHzのDVレピータは2011年5月に60局ほどでしたが，4年後の現在は開局予定を含めると180局近くになり，約3倍に増加しています．設置場所においても約3倍になりました（**図1-22**）．

このほかに，1200MHzのDD（データ）レピータが32局あります．なお，レピータ局が設置されていない県は鳥取県，大分県，佐賀県の3県です（2015年10月時点）．

このように増加しているレピータですが，D-STAR運用のメインとなっているインターネットに接続されている430MHzレピータは，1エリアに54局，2エリアに24局，3エリアに30局と，こ

第1章　D-STAR通信を始めよう

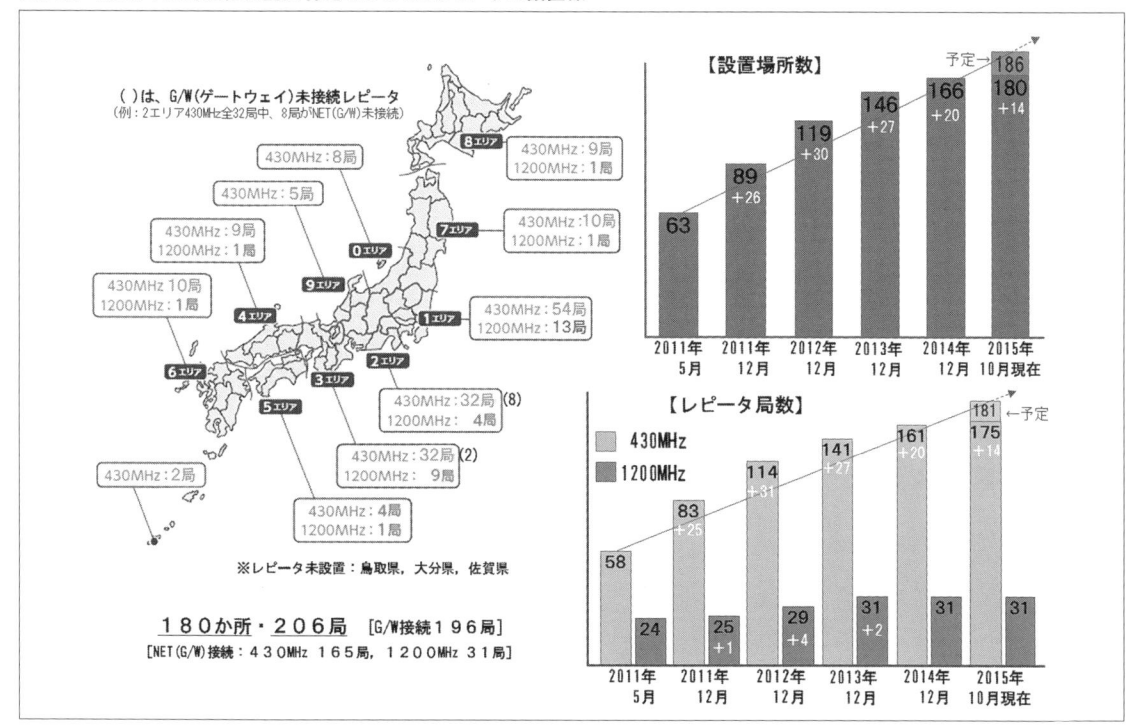

図1-22　2015年10月現在の全国各地のD-STARレピータの設置数

の三つのエリアで全体の70％近くを占めています．

まだまだ全国どこでも使用できるという状況ではありません．

では，レピータ局はどのようにすれば開設できるかですが，電波法関係審査基準に「一般社団法人　日本アマチュア無線連盟が開設するものであること」と記載されています．よって，レピータ局は個人で開設することができません．図1-23が，要望を出してから開局までの概略の流れです．

レピータ局を開設するためには，JARLに開設の要望を出すことから始まります．JARLでは「レピータ局等に関する規程・規約」を定めています．その中に記載されているレピータを設置するために最初に必要な条件は次のようになります．

❶ **レピータ局を管理する管理団体を設立する**

- 管理団体の構成員はJARL正会員5名以上
- 代表者はJARL入会後2年以上経過した正会員かつ満25歳以上で，設置地域に該当する地方本部長が推薦して会長が承認した者
- 免許取得に必要な費用や電波利用料，機器の調達や維持管理費などのすべての費用は，管理団体で負担が必要

❷ **レピータ局を管理する団体は維持管理などで必要とする費用を，いかなる理由があっても管理団体の構成員以外の者から負担金を徴収しないこと**

❸ **広く一般のアマチュア局が利用できること**

このようなことから，管理団体はレピータを自由に使ってもらうための維持管理とその費用負担を行うボランティア的なレピータ運用組織ということになります．

レピータを設置するには，これらの条件をクリ

D-STAR通信がすぐわかる本　55

図1-23 レピータ局開設の流れ

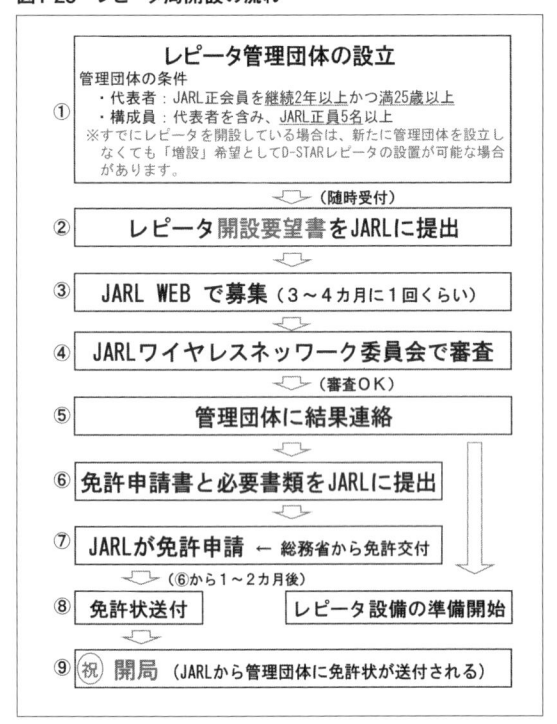

```
① レピータ管理団体の設立
   管理団体の条件
   ・代表者：JARL正会員を継続2年以上かつ満25歳以上
   ・構成員：代表者を含み，JARL正会員5名以上
   ※すでにレピータを開設している場合は，新たに管理団体を設立しなくても「増設」希望としてD-STARレピータの設置が可能な場合があります．
        ⇩（随時受付）
② レピータ開設要望書をJARLに提出
        ⇩
③ JARL WEB で募集（3～4カ月に1回くらい）
        ⇩
④ JARLワイヤレスネットワーク委員会で審査
        ⇩（審査OK）
⑤ 管理団体に結果連絡
        ⇩
⑥ 免許申請書と必要書類をJARLに提出
        ⇩
⑦ JARLが免許申請 ← 総務省から免許交付
        ⇩（⑥から1～2カ月後）
⑧ 免許状送付   レピータ設備の準備開始
        ⇩
⑨ ㊗開局（JARLから管理団体に免許状が送付される）
```

図1-24 レピータ局構築の2例

モード	DV
名　　称	入間430（いるま430）
コールサイン	JP1YKG
周　波　数	TX:434.14MHz RX:439.14MHz
空中線電力	10W
空　中　線	地上高16mH　2段GP
設 置 場 所	埼玉県入間市狭山ケ原
開　　局	2011年6月15日

モード	DV
名　　称	堂平山430（どうだいらさん430）
コールサイン	JP1YKR
周　波　数	TX:439.15MHz RX:434.15MHz
空中線電力	10W
空　中　線	地上高10mH　3段GP
設 置 場 所	埼玉県比企郡ときがわ町大野堂平山頂付近 標高約850m
開　　局	2012年12月16日

アしてJARLの審査で設置が許可されます．

D-STARレピータは，インターネットに接続してはじめてその良さを発揮します．インターネット回線が使える設置場所の確保やインターネット費用の発生と，接続するためのサーバやルータ機器が必要というネックがありますが，レピータの設置・運用に挑戦してみてはいかがでしょうか．

レピータ局の例

レピータの設置場所によってカバーできる範囲はそれぞれですが，標準的なレピータと広域をカバーしているレピータの2局の例を紹介します．
（図1-24）

● 入間レピータ（写真1-32）

1エリアでは，各地にレピータが増え始めたころ，埼玉県はアマチュア無線人口が比較的多いにもかかわらず県内にはD-STARレピータが1局もなく，東京都西東京市の西東京レピータや茨城県つくば市のつくばレピータぐらいしかアクセスができない状況でした．

これを改善するために，設置場所の確保ができることになったことでD-STARにアクティブなメンバー数人が集まって管理団体を設立しました．そして2011年6月に埼玉県第1号のD-STARレピータJP1YKGが埼玉県入間市に開局しました．

アクセスできるエリアはあまり広くなく，半径10km～15Kmくらいのローカル・レピータとしての役目を果たしています．設置場所が工業団地内にあって周辺に高層物と狭山丘陵があるため埼玉県北部・東部方面からのアクセスは良くありません．

● 堂平山レピータ（写真1-33）

1エリアを代表する広域をカバーしているレピータ局です．堂平山は標高が876mあり関東平野が一

第1章　D-STAR通信を始めよう

(1) D-STARレピータ機器　(2) 右手前がレピータ用アンテナ

写真1-32　埼玉・入間レピータの設備

望できます．頂上まで車で登ることができるため，1エリアでは移動運用のメッカでコンテスト・シーズンを迎えるとたいへん賑やかな場所です．

　設置には，比企郡ときがわ町が管理しているキャンプや星空観測ができて宿泊施設もある「堂平天文台　星と緑の創造センター」という敷地内のため，ときがわ町から許可を得るのに約1年かかりました．

　町の施設と業務用無線の中継局などがあるため，商用電源はもちろんのこと，D-STARには必須のインターネット回線も光回線が簡単に敷設できたことで，2012年12月にJP1YKRを開局しました．ロケーションは抜群ですが，夏期の落雷や冬期の積雪など厳しい環境です．

　設置場所は頂上から東側に少し下がった標高約850m付近で，西部の山間地を除く埼玉県内はもとより周辺各都県まで広域にカバーしています．

　レピータ維持費の中で割合の大きいのはインターネット料金と電気料金のため，電気料金の節約と非常時の電源確保を目的として2015年春からソーラー発電システムの準備を進めています（**写真1-34**）．現時点では問題を解決しながらテストを行っていますが，商用電源とソーラーの切り替えはソーラ発電セットに含まれていた「グリット切り替え機」と「リブーター」で行っています．ソーラーの運用はまだテスト中ということもあり，リブーターにスケジュールを組んで3日おきに商用電源とソーラーを切り替えています．

(1) レピータ設備

(2) 上が430MHz帯DV用，下が1200MHz帯DD用アンテナ

写真1-33　D-STARレピータ局．埼玉・堂平山

(1) ソーラーパネル　(2) 蓄電池やインバータなどの機器収容箱

写真1-34　堂平山D-STARレピータは2015年春からソーラー発電システムも取り入れて，災害通信にも備えている

第2章

D-STAR無線機
使いこなしガイド

2-1 ハンディ機使いこなしガイド
ID-31/ID-51/ID-51PLUS——共通編

受信した局のコールサイン読み上げ

　ID-31以降の機種にはスピーチ機能が付いています．ID-31はコールサンの読み上げ機能のみでしたが，ID-51には周波数とモードの読み上げ機能がプラスになっています．各機種のスピーチ機能は**表2-1**のとおりです．

　受信した局の信号にコールサイン情報が含まれ

表2-1　D-STAR各機種のスピーチ機能一覧

設定項目	設定	初期値	機能概略	ID-31	ID-51	ID-5100	IC-7100	IC-9100
受信コールサイン・スピーチ	OFF ON(カーチャンク) ON(すべて)	ON (カーチャンク)	設定が「カーチャンク」は相手局の送信が約2秒以内のとき，設定が「すべて」は相手局の送信時間に関係なくコールサインを読み上げる	○	○	○	○	—
RX>CSスピーチ スピーチ	OFF ON	ON	RX>CS機能で相手局を設定したときに，コールサインを読み上げる	○	○	○	○	—
ダイヤル・スピーチ	OFF ON	OFF	DRモードのときはダイヤルを回すとコールサインを読み上げる，DRモード以外の時は周波数を読み上げる	—	○	○	—	—
モード・スピーチ	OFF ON	OFF	モードを切り替えたときに，モードを読み上げる IC-9100は「SPEECH」ボタンを押したとき	—	○	○	○	△
Sレベル・スピーチ	OFF ON	ON	Sメーターの値を読み上げる	—	—	—	○	○
周波数スピーチ			「SPEECH」ボタンを押した時	—	—	—	○	○
スピーチ言語	英語 日本語	日本語	読み上げるときの発音	○	○	○	○	○
アルファベット	標準 フォネティック	標準	標準(エー・ビー・シー)とフォネテック(アルファ・ブラボー・チャーリー)	○	○	○	○	—
スピーチ速度	遅い 速い	速い	読み上げる速度	○	○	○	○	○
スピーチレベル	0～9	7	音量，0は読み上げない，ボリュームと連動する IC-7100とIC-9100はレベル50%	○	○	○	○	○

D-STAR通信がすぐわかる本

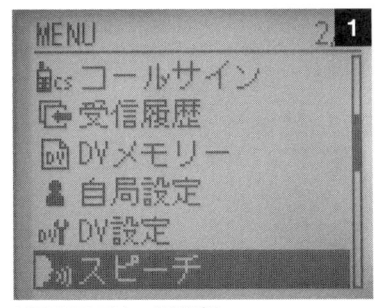

第2章　D-STAR無線機使いこなしガイド

MENUのスピーチを選択 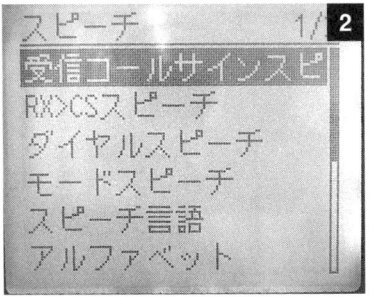　　スピーチ設定メニュー 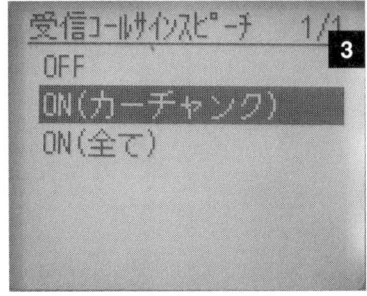　　受信コールサイン・スピーチ設定画面

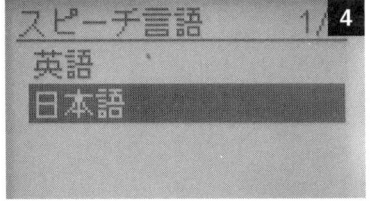

スピーチ言語設定画面 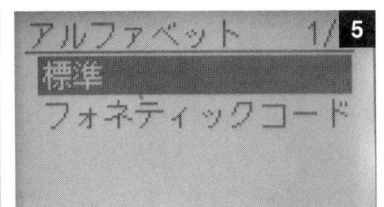　　アルファベット設定画面

写真2-1　スピーチ設定メニュー

ているときに，その局が送信を切ったときにコールサインを読み上げる機能があります．

　初期値はON（カーチャンク）になっていますので，受信した局の送信が約2秒以内のときに読み上げます．ON（すべて）に設定すると，受信局の送信時間にかかわらずコールサインを読み上げます．

操作　MENU→スピーチ→受信コールサイン・スピーチで設定，初期値「ON（カーチャンク）」

　読み上げの発音を英語的か日本語的かは，スピーチ言語で設定します．

操作　MENUからスピーチ→スピーチ言語で設定，初期値「日本語」です．読み上げをアルファベット（標準）かフォネティック・コードかも設定できます．

操作　MENU→スピーチ→アルファベットで設定，初期値「標準」

　読み上げる音量はスピーチ・レベルで変更できますが，ボリュームと連動しているためスピーチ・レベルは通常のボリュームの位置で聞きやすいレベルに設定します．ボリューム・レベルを0（ゼロ）にすると，コールサイン読み上げ以外のスピーチ機能がONでも読み上げは行われません（**写真2-1**）．

自局宛て呼び出し音の設定

　コールサイン指定で呼ばれたときのビープ音を，スタンバイ・ビープの設定で変更できます．設定をON（自局宛て：高音）にすると通常は「ポッ」という感じですが，「ピッ」と高音になって相手局がカーチャンクをしただけでも自局を呼んでいることがわかります．

操作　MENU→サウンド設定→スタンバイ・ビープで設定，初期値「ON」

　ID-51PLUSは機能が追加されていて，初期値の設定がON（自局宛て：アラーム/高音）になっています．この設定は，高音のビープ音とアラーム「ピロロロロ」が鳴ります．

　ビープ音の音量はビープ・レベルで変更できま

D-STAR通信がすぐわかる本 | 59

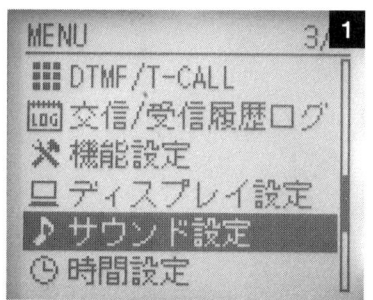

MENUのサウンドを選択 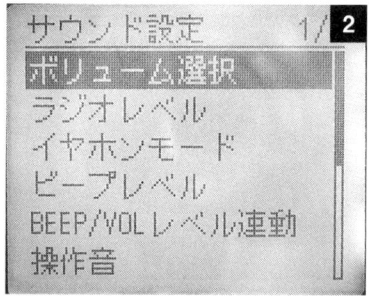　　サウンド設定メニュー 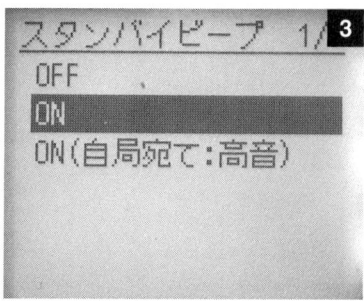　　スタンバイ・ビープ設定画面

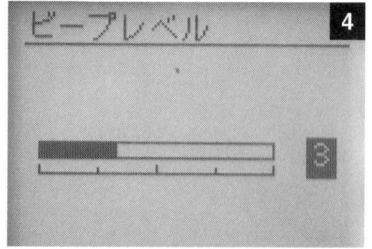

ビープ・レベル設定画面 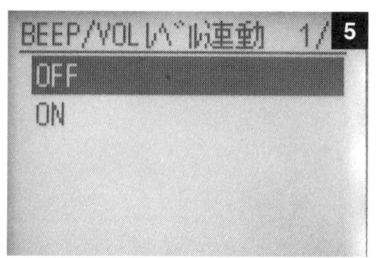　　BEEP/VOLレベル連動設定画面

写真2-2　サウンド設定メニュー

す．ビープ・レベルを0(ゼロ)にすると，スタンバイ・ビープ機能以外のビープ機能がONでもすべてのビープ音は鳴りません．

操作　MENU→サウンド設定→ビープ・レベルで設定，初期値「3」

また，BEEP/VOLレベル連動設定をONにするとボリュームと連動します．

操作　MENU→サウンド設定→BEEP/VOLレベル連動で設定，初期値「OFF」(**写真2-2**)．

シンプレックス周波数のメモリ

2015年1月にデジタル呼出周波数がJARL推奨として設定されました．これでシンプレックス運用が行いやすくなったため，メモリに入れて使うと便利です．メモリはDR機能で使用するレピータ・リストに追加できます．

グループの一つをシンプレックス用に割り当てて，呼出周波数(メイン)とサブ・チャネルをメモリします．サブ・チャネルはメインから上側に20kHz間隔で使用することが多いため，いくつかの周波数を設定します．

この方法でメモリをしておけば，DRとVFOの切り替えをしなくても，DRの状態でレピータの選択と同じようにシンプレックスの周波数を選択することができます．

筆者が作成，提供しているレピータ・リストは，グループ11をシンプレックスにして，メイン・チャネルとサブ・チャネルは上側に20kHz間隔で設定しています(**図2-1**)．

個人コールサインの登録

よく呼び出す局のコールサインをメモリに入れておくと，コールサインを毎回手動で設定しなくても簡単にコールサイン指定で呼び出せます．

DVメモリの相手局コールサインに登録します．

操作　MENU→DVメモリ→相手局コールサイン

第2章　D-STAR無線機使いこなしガイド

図2-1　筆者が作成しているレピータ・リストのチャネル間隔

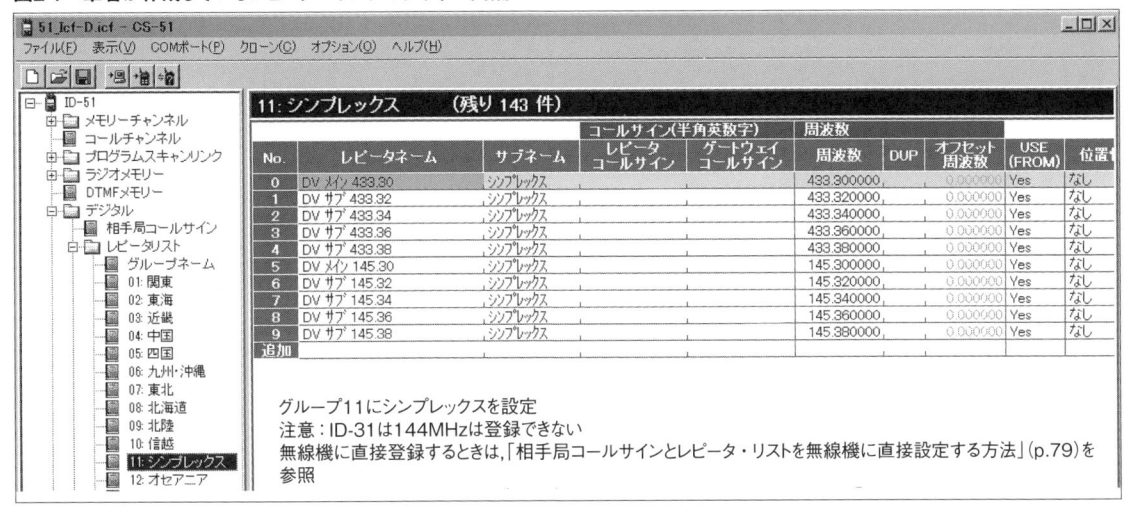

グループ11にシンプレックスを設定
注意：ID-31は144MHzは登録できない
無線機に直接登録するときは、「相手局コールサインとレピータ・リストを無線機に直接設定する方法」(p.79)を参照

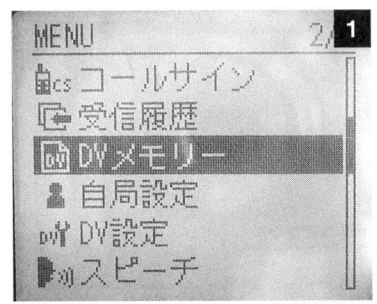

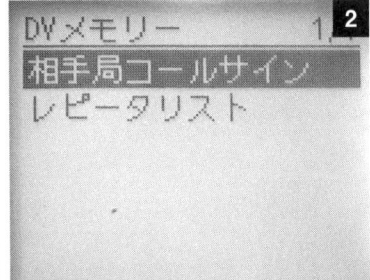

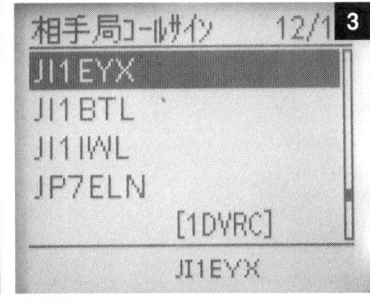

MENUのDVメモリーを設定	相手局コールサインを選択	相手局コールサイン一覧画面

※相手局コールサインの登録方法はp.79の「相手局コールサインとレピータ・リストを無線機に直接設定する方法」の項を参照．
※文字入力方法は「文字入力の基本操作」の項を参照．

写真2-3　相手局コールサイン設定メニュー

→QUICK→追加で設定（**写真2-3**）

　登録の操作方法は，後述の「相手局コールサイン」を参照してください（**写真2-22**）．

内蔵時計の自動時刻合わせ

　受信履歴と交信ログや受信履歴をログに記録する設定をしたときは，日時が記録されるため内蔵時計を正確にしておく必要があります．時刻合わせの設定の初期値はオートですので，GPSの設定を内蔵GPSにしておけばGPSの時間情報で自動的に補正されます（**写真2-4**）．

GPS選択で「内蔵GPS」に設定します．
操作　MENU→GPS→GPS設定→GPS選択で設定，初期値「OFF」

　時間設定メニューで「オート」に設定します．
操作　MENU→時間設定→GPS時刻補正で設定，初期値「オート」

オート・パワーオフ

　電源を切り忘れてバッテリが空になるのを防止するため，この機能を設定しておくと良いと思います．設定は30分/60分/90分/120分があり，設定

D-STAR通信がすぐわかる本 | 61

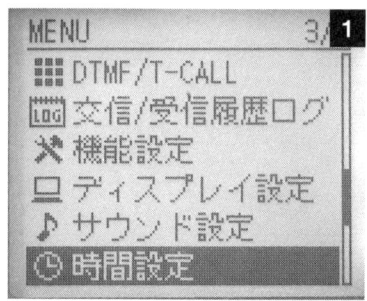

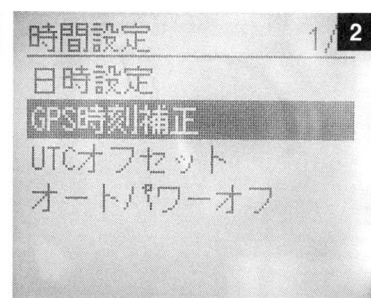

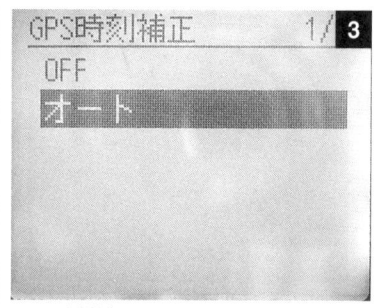

MENUの時間設定を選択　　　　GPS時刻補正を選択　　　　GPS時刻補正画面

写真2-4　GPS時刻補正の設定

MENUの時間設定を選択　　　　オートパワー・オフを選択　　　オートパワー・オフ選択画面

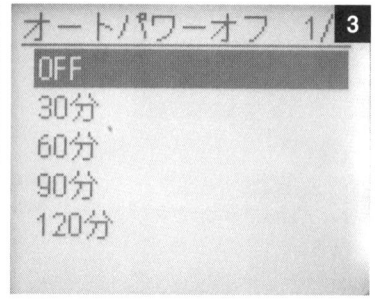

写真2-5　オートパワー・オフの設定

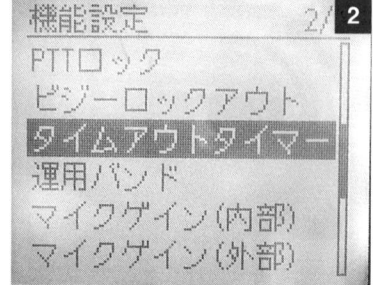

MENUの機能設定を選択　　　　タイムアウト・タイマーを選択　　タイムアウト・タイマーの選択画面

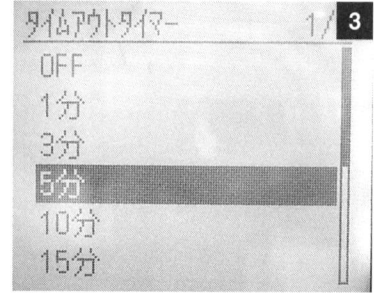

写真2-6　タイムアウト・タイマーの設定

した時間に何も操作しなかったときに自動で電源がOFFになります(**写真2-5**).

 操作 　MENU→時間設定→オート・パワーオフで設定，初期値「OFF」

電源供給

　ハンディ機はハイ・パワーで長時間送信するとかなり熱くなります．外部電源で使用しているときは電圧が高いため，バッテリ・パックで使用するときより早く熱くなるため注意が必要です．

　本体の温度が一定以上に上昇すると，段階的に送信出力が約2.5Wに下がります．連続送信制限機能があり，OFF/1分/3分/5分/10分/15分/30分が設定できます(**写真2-6**).

 操作 　MENU→機能設定→タイムアウト・タイマーで設定，初期値「5分」

第2章　D-STAR無線機使いこなしガイド

表2-2　バッテリ・パックのオプション

バッテリ・パック種別	運用時間	充電時間
付属BP-271	標準使用約4時間30分	付属充電器約6時間(約3時間)急速充電器　約2時間
大容量BP-272	標準使用約7時間30分(約7時間)	付属充電器　約9時間(約4時間30分)急速充電器　約3時間30分
乾電池ケースBP-273	100mW固定 約6時間30分(約7時間)	充電不可

※( )内は、ID-51、ID-51PLUSのとき。
※標準の目安として、送信1分/受信1分/待ち受け8分(パワーセーブ:「オート(短)」)の時間比で繰り返し運用した場合。
※付属の充電器または急速充電器で充電するときは、本体の電源を必ずOFFにする。

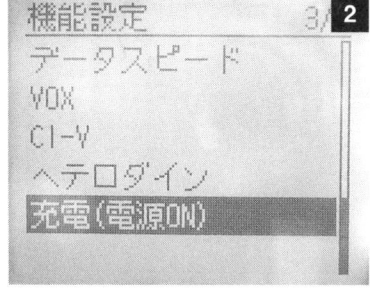

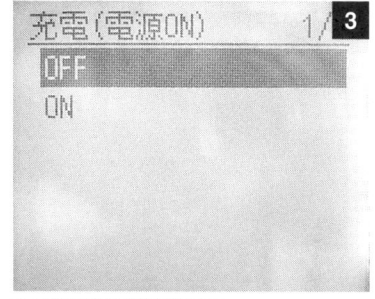

MENUの機能設定を選択　　　充電(電源ON)を選択　　　充電電源(ON)選択画面

写真2-7　ID-51の充電設定

● バッテリ・パックと充電器

　ハンディ機の電源供給の基本はバッテリ・パックです．問題はバッテリ切れをどうするかで，取扱説明書に記載されている時間より早く切れてしまった経験があると思います．

　原因は，実際の運用時の送信時間と送信出力が一番関係してきます．ほかにもパワーセーブ機能や内蔵GPS使用時のパワーセーブの設定，バックライトの設定などで，持ち時間が違ってきます．バッテリ切れは思ったより早く起こるもので，「ロー・バッテリ」が表示されて電源が切れてしまい交信が中断してしまうことがあります．

　これを回避するための最善策は，予備のバッテリ・パックを用意しておくことです．購入時に付属している標準(BP-271)バッテリ・パックまたは容量の大きいバッテリ・パック(BP-272)の2種類がありますので，自分の運用形態で選択すると良いと思います．どちらのバッテリ・パックも付属の充電器で充電できます．

　急速充電器(BC-202)を使うと無線機本体からバッテリ・パックを取り外しても充電できるので，1個は無線機に取り付けたまま付属の充電器で充電して，もう1個は急速充電器を使えばバッテリ・パック2個を同時に充電できるので便利です．

　また，泊まりがけの旅行には充電器は必須アイテムですので，持って行くのを忘れないようにしましょう．

　最後の手段は，単三乾電池3本で使える乾電池ケース(BP-273)です．ただし，送信出力は強制的に100mW(S-LOW)になってしまいます．

　バッテリ・パックのオプションは**表2-2**のとおりです．

● 外部電源

　家や車から使うときは，外部電源の接続ができます．安定化電源を使用するときはOPC-254L，車のときはCP-12L(ノイズ・フィルタ付き)またはCP-19(ノイズ・フィルタとDC-DCコンバータ内蔵)を使います．車は電圧が一定しないため

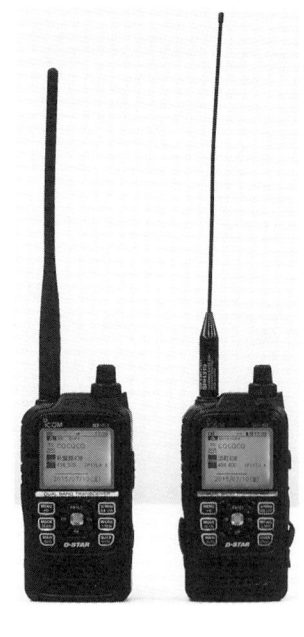

◀写真2-8　付属アンテナと市販アンテナ
右が市販されているハンディ機用のアンテナ

DC-DCコンバータ（出力11V）内蔵の，CP-19をお勧めします．

また，外部電源を使用しているときは運用と同時にバッテリ・パックの充電も同時に行えます．ID-51とID-51PLUSは電源がONのときに充電をするかしないかの設定があり，初期値は「OFF（しない）」になっているので「ON（する）」に変更します（**写真2-7**）．

操作　MENU→機能設定→充電（電源ON），初期値「OFF」

なお，ONにすると充電回路の影響で周波数によっては内部スプリアスが発生して，Sメータが振れたり，ノイズの影響を受ける場合があります．

外部電源を使うときには以下のような注意が必要です．

- **外部電源の電圧はDC10V～DC16V，24V車は使用できない**
- **DC14Vを超えると，プロテクトがかかり送信出力が2.5Wに自動低下**
- **バッテリ・パックの電圧より外部電源の電圧のほうが低いときは，バッテリ・パックから電源供給になる**
- **OPC-254Lを使用するときは，プラスとマイナスの逆接に注意**
- **バッテリ・パックを取り付けて充電をしながら使用するときは，2.5A以上の電流容量が必要**

アンテナ

付属のアンテナでも十分楽しめますが，市販のアンテナは短いものから長いものまでいろいろありますので，アンテナを変えてみるのも面白いと思います．

少しでも通信距離を伸ばしたいときは，長めのアンテナを使うと効果があります．限定発売されたID-51の50周年記念モデルには，標準の付属アンテナとオリジナルの長いアンテナが付属していました．

やはり長いアンテナは飛びがいいというレポートがあります．このアンテナは手に入らないため，市販のアンテナから長めのものを選択すると良いでしょう（**写真2-8**）．

飛びはそこそこで持ち運びやすいアンテナを使用したいときは，エレメントが細い物やフレキシブル・タイプのアンテナがあります．ポケットに入れたまま使うときやベルト（腰）に付けて使うときなど，アンテナが気にならずエレメントや無線機側のコネクタにも負担がかかりません．

長いアンテナはどうもという見た目を気にするときは，極小アンテナになります．もちろん飛びは良くありませんが，かばんに入れたときのアンテナの破損防止や，持ち運びがしやすくなります．

家や車で使う

ハンディ機を家や車で使っている局も多いと思います．ハンディ機の基本は本体を手で持って使うため，どのように使い勝手を良くするかです．

必要なものは，電源と外部アンテナおよびマイ

第2章　D-STAR無線機使いこなしガイド

クの3点です．

　電源はすでに説明のとおり安定化電源や車から供給します．アンテナは車ではモービル・ホイップなど，家ではグラウンドプレーンや八木アンテナなどを接続しますが，問題は同軸ケーブルを無線機に接続する方法です．無線機のアンテナ・コネクタはSMAタイプのためM型やN型のコネクタは直接接続できませんので，コネクタの変換が必要になります．

　変換方法は2種類あり，M型の例としてSMAP-MJ型（SMA型のプラグとM型のジャック）変換コネクタか同軸ケーブルの両端にコネクタが付いている変換ケーブルを使用します．

　お勧めは，変換ケーブルです．3D-2Vなどのタイプの細い同軸ケーブルであれば変換コネクタでも大丈夫かもしれませんが，5D-2Vや8D-2Vなどの太いケーブルを変換コネクタで接続すると，無線機側のコネクタに負担がかかってしまい無線機を破損する恐れがあります．また，ケーブルに無線機が引っ張られてうまく固定できないこともあります．

　もう一つの必須アイテムは，外部マイクです．電源コードと同軸ケーブルの2本が無線機に接続

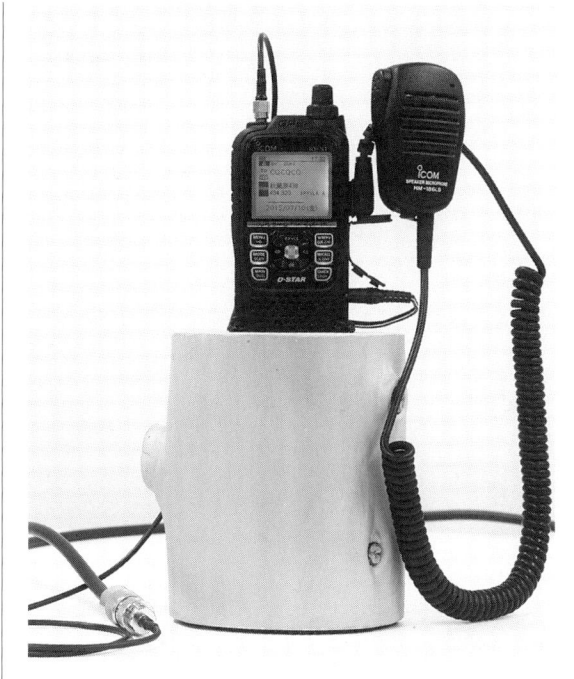

写真2-9　ハンディ機による固定運用に便利な周辺機器
外部アンテナ取り付け用変換ケーブル，外部マイク，外部電源を接続したところ

されているため，オペレートするときに手で持つことはたいへんです．外部マイクを使えば無線機を固定したまま運用することができます．

　これで，ハンディ機でも家や車から運用しやすい形態が整います．ほかには，外部スピーカを付けると聞きやすくなります（**写真2-9**）．

2-2　ID-51，ID-51PLUS編
トリプルバンド機として楽しむ

　デュアルバンドのハンディ機ですが，デュアル機＋AMまたはFMラジオ受信のトリプルバンド機として使うことができる機種です．

　組み合わせ例としては，次のようになります．

- 144MHz帯＋430MHz帯＋ラジオ
- 144MHz帯＋144MHz帯＋ラジオ
- 430MHz帯＋430MHz帯＋ラジオ
- 144MHz帯＋エアバンド＋ラジオ
- 430MHz帯＋エアバンド＋ラジオ

　DV＋DVとAM＋AM（エアバンド）やDV＋FM-N（FMナロー）の設定できますが，モードの関係でサブバンドは音声ミュートになります．

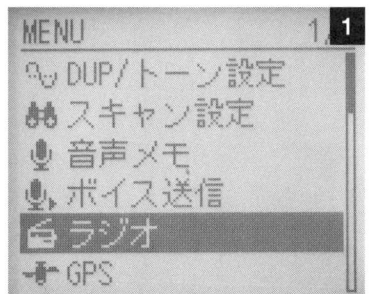

MENUのラジオを選択 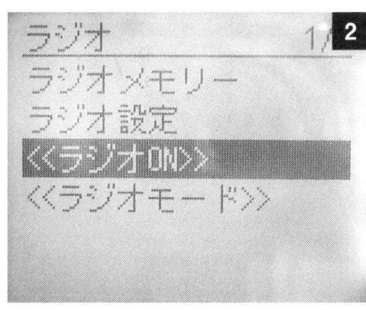　　≪ラジオON≫を選択 　　ラジオ画面

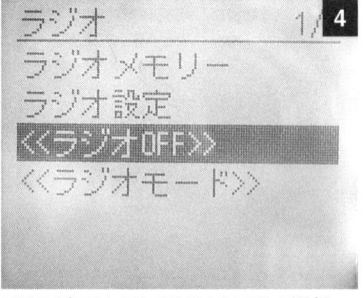

ラジオを切るときは≪ラジオOFF≫を選択 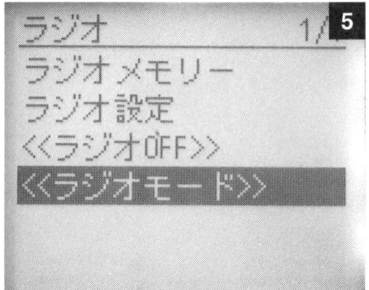　　≪ラジオモード≫を選択 　　ラジオ専用表示になる

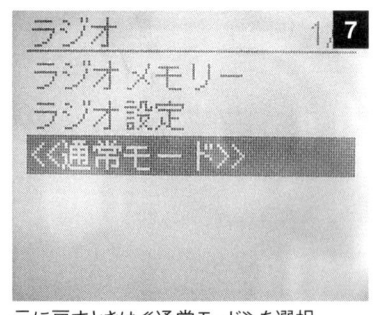

元に戻すときは≪通常モード≫を選択

写真2-10　ラジオ受信の設定

ラジオ受信

周波数範囲は，AMが520〜1710kHz，FMが76.0〜90.0MHzです．残念ですが90.1〜94.9MHzのFM補完放送は受信できません．

ラジオを受信するには，

操作　MENU→ラジオ→≪ラジオON≫

か「QUICK」を押して<<ラジオON>>を選択します．ラジオを切るときは，同じ操作で<<ラジオOFF>>を選択します（**写真2-10**の**1**〜**4**）．AMとFMの切り替えは「MODE」で，メモリとVFOの切り替えは「M/CALL」で行います．

ラジオをONのまま通常表示に戻すときは，「MAIN」か「V/MHz」を押します．ラジオ表示にするときは「QUICK」を押して<<ラジオ表示>>を選択します．

ラジオの音声は，メインバンドまたはサブバンドで信号を受信したときにミュートする機能があります．

設定の秒数は信号が切れたときにラジオの音声を復帰する秒数です．

操作　MENU→ラジオ→ラジオ設定→オートミュートで設定（初期値「2秒」）

ただし，ミュートに設定していても，メインバンドまたはサブバンドの音量設定が0（ゼロ）のバ

第2章　D-STAR無線機使いこなしガイド

写真2-11　ボリューム機能の設定

MENUのサウンドを選択／ボリュームを選択／ボリューム選択画面
サブバンド・ミュートを選択／サブバンド・ミュート選択画面 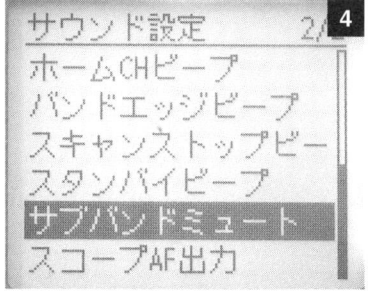

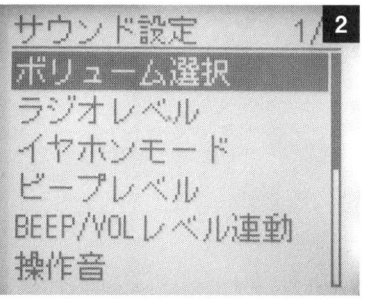

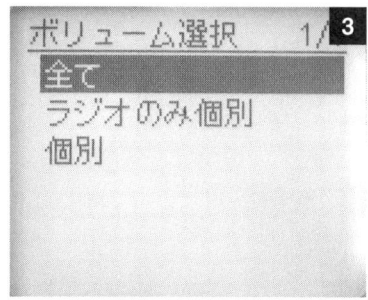

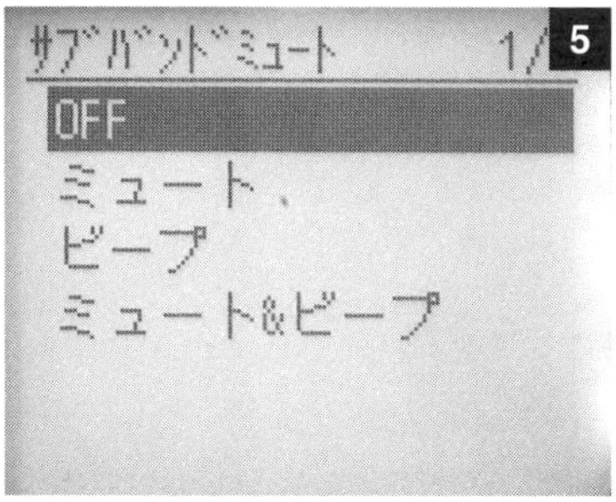

ンドを受信したときは，ミュートしないでラジオが聞こえます．

　ラジオ専用機にもなります．無線機として使用しないときは，ラジオ専用モードに設定すると表示がラジオだけになって無線機操作（送受信）はできなくなります（**写真2-10**の**5～7**）．

操作　MENU→ラジオ→≪ラジオモード≫で設定，戻すときは，MENU→ラジオ→≪通常モード≫

● 音量の設定

　音量はボリュームを回したときに，
・メインバンド，サブバンド，ラジオのすべてを連動にする
・メインバンド，サブバンドを連動にしてラジオだけ個別にする
・すべて個別にする

の三とおりの設定ができます．

操作　MENU→サウンド設定→ボリューム選択で設定，初期値「すべて」

　音量は個別の設定が使いやすいでしょう．モードや受信局によって音量が違う場合にそれぞれに適した音量にセットできます（**写真2-11**の**1～3**）．

　また，デュアルワッチをしていて同時に受信したときにボリュームを連動にしておくと，聞きたいほうの音量を上げるともう一方の音量も上がってしまいます．サブバンドのミュート機能を使用する方法もあります．設定をミュートにしておくとデュアルワッチのときにサブバンドの音量にかかわらずメインバンドで信号を受信するとサブバンドがミュートされます（**写真2-11**の**4と5**）．

操作　MENU→サウンド設定→サブバンドミュートで設定，初期値「OFF」

D-STAR通信がすぐわかる本　｜　67

2-3 モービル機使いこなしガイド
ID-5100を使う

　モービルで使用するときは，使いやすさや機能面を車載機として設計されたID-5100です．

　本体とコントローラはセパレート・タイプで合体はできませんが，車載の場合は特に問題はありません．

　ID-5100は，2015年7月現在ファームウェア（無線機を動かす内蔵ソフト）が3回バージョンアップされています．

　1回目は2014年7月，2回目は2014年10月，3回目は2015年5月です．機能拡張や不具合が修正されていますので，最新バージョンで使用しましょう．ファームウェア・バージョンの確認方法は，MENU→その他→本体情報→バージョン情報で確認することができます（**写真2-12**）．

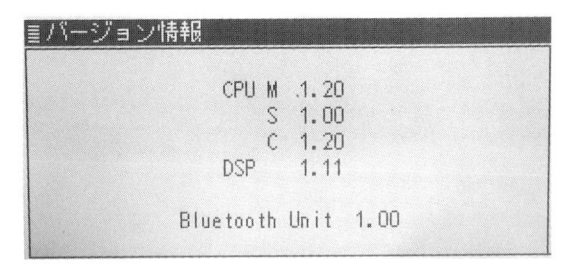

ID-5100新バージョン（2015年5月版）

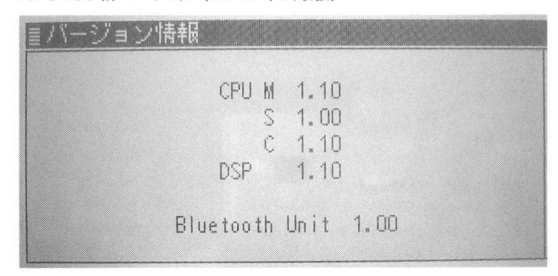

ID-5100旧バージョン（2014年10月版）

写真2-12　ファームウェア確認画面
MENU→その他→**本体情報**→バージョン情報で確認

無線機の取り付け

　まずは，本体を設置する場所をどこにするかが問題です．本体に必ず接続するものは，

❶ コントローラに接続するケーブル
❷ マイクロホン
❸ 電源
❹ アンテナ

です．外部スピーカは必要に応じて接続します．

　接続したケーブル類の行き先はすべて同じではありません．❶はコントローラに接続するため，運転席から操作可能な場所になります．❷は付属の多機能マイクロホンを使用するときは手元まで持ってきます．❸はどこから電源を取るかで変わってきます．❹はアンテナからの同軸ケーブルをどこから引き入れているかで変わります．

本体とコントローラの接続

　本体とコントローラの設置位置を決め，付属している3.5mの接続ケーブルの長さで足りる距離かを確認します．足りない場合はオプションの延長ケーブルOPC-1156（3.5m）が必要になります．必要な長さのケーブルの自作も可能ですが，専用工具とRJ-11型のモジュラ・コネクタに6極6芯ストレート結線が必要です．RJ-11型6極6芯の市販品は家電量販店の店頭ではあまり見かけないようですが，一部の家電量販店やホームセンターで6極6芯のインターホン用のケーブルを置いているところがありました．

　コントローラ・ケーブルはメーカー純正品を使用しない場合は，動作保証がありませんので注意

第2章　D-STAR無線機使いこなしガイド

が必要です．

マイクロホン

マイクロホンは本体の設置場所によっては本体に直接接続できないため，オプションの延長ケーブルOPC-647（2.5m）かOPC-440（5m）が必要になります．このケーブルはRJ-45型のパソコン用ストレートLANケーブルと結線が同じです．カテゴリ6以上のLANケーブルと専用工具とRJ-45型モジュラ・コネクタがあれば自作が可能です．LANケーブルとマイクロホンは中継コネクタを使用して接続します（**写真2-13**）．

マイクロホン延長ケーブルもメーカー純正品を使用しない場合は，動作保証がありませんので注意が必要です．

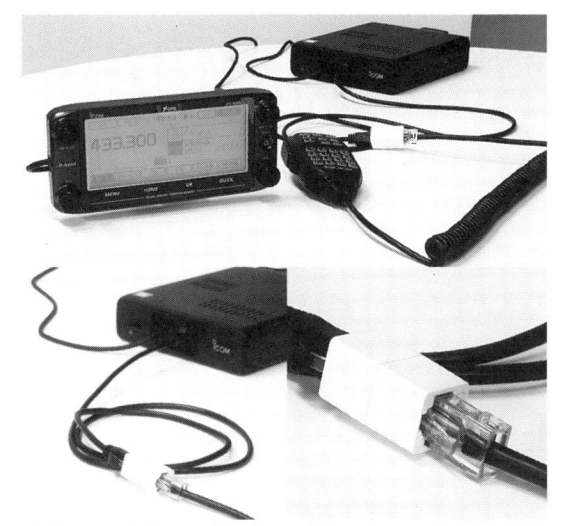

写真2-13　市販LANケーブルで延長
カテゴリ6のLANケーブルと中継コネクタ付きケーブルを使用

アンテナと電源の配線

アンテナと電源ですが，アンテナの取り付け場所と同軸ケーブルの引き込みや電源の配線は一番苦労するところです．これらは車種によってまちまちですので，この方法がベストという紹介はできません．

同軸ケーブルはできるだけ太いもの，電源はバッテリから直接取って無線機本体まで最短になるように配線するのが鉄則です．ID-5100の消費電流はカタログ・スペックで，送信時最大電流が20W機で7.5A，50W機で13A消費します．電源の配線ケーブルも余裕を持った太さが必要です．

コントローラの取り付け位置

コントローラは操作がしやすい場所に設置するのが当然ですが，一つだけ注意が必要です．内蔵GPSを使う場合は「GPS」と書いてあるコントローラの上面をできる限り車外に向くように設置しないと，GPS衛星からの電波を安定して受信できません．どうしても設置場所の関係でGPS衛星からの電波が受信できないときは，外部にGPS受信機を取り付ける必要があります．直接接続できる市販のGPS受信機は，残念ながらあまり見かけなくなってしまいました．GPSモジュールを購入して自作するのもアマチュア無線の楽しみかと思います．外部GPSを接続する場合は，ファームウェアのバージョンが「Release J2」（2014年10月リリース）以上になっていることが必要です．

無線機の設置やアンテナの取り付け場所や取り付け方法などは，絶対これだということがありませんので，車に合わせて工夫して取り付けるということが結論になります．

無線機のお勧め設定

● スピーチ設定

ID-5100のスピーチ機能の設定項目は八つあります（**表2-1**）．この中でスピーチ言語（発音が英語

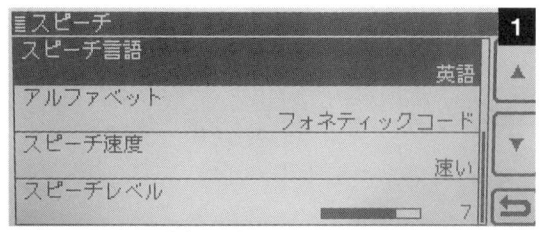

MENUのスピーチ設定を選択

スピーチ言語設定画面

アルファベット設定画面

写真2-14 スピーチの基本設定

的か日本語的か)とアルファベット(エィ・ビー・シーかフォネティックのアルファ・ブラボーか)の二つは，好みで設定すると良いでしょう(**写真2-14**)．

　モービルで使うときは，受信コールサイン・スピーチは「ON(カーチャンク)」にしておくと便利です．カーチャンクした局のコールサインが聞こえるので，無線機のディスプレイを見なくてもわかります．

　ほかの設定は，操作するごとにコールサインや周波数などを読み上げるため，必要な場合だけの設定で十分です．

　スピーチ速度は「速い」にします．「遅い」にしてアルファベットを「フォネティック」した場合，受信局のコールサインをディスプレイで確認するのに時間がかかってしまいます．

　スピーチは次の設定をお勧めします．太字は初期値です．

操作　MENU→スピーチ→「下記の各項目で設定」

- 受信コールサイン・スピーチ：**ON(カーチャンク)**
- RX>CSスピーチ：OFF(初期値は**ON**)
- ダイヤル・スピーチ：**OFF**
- モード・スピーチ：**OFF**
- スピーチ言語：英語・**日本語**をお好みで
- アルファベット：**標準**・フォネティックをお好みで
- スピーチ速度：**速い**
- スピーチ・レベル：普段のボリウム位置との兼ね合いで調整(初期値は**7**)

● サウンド設定

- スタンバイ・ビープ(DVモードときのみ)

　相手局の送信が終わると「ピッ」というスタンバイ・ビープ音が鳴りますが，これは無線機側で鳴らすか鳴らさないかを設定します．設定は4パターンあって，コールサイン指定で呼ばれたときに音を変えることができます．

　お勧めの設定は，通常は「ポッ」という感じですが，高音で「ピッ」にする設定か高音の「ピッ」とアラーム「ピロロロロ」を鳴らす設定にします．

　この音の違いで相手局がカーチャンクをしただけでも自局宛てにコールサイン指定で呼んでいることがわかります．

操作　MENU→サウンド設定→スタンバイ・ビープで設定．初期値「ON(自局宛て：アラーム/高音)」(**写真2-15**の**1**と**2**)

OFF：鳴らさない(この設定は，お勧めしません)
ON：スタンバイ・ビープはすべて同じ音「ポッ」
ON(自局宛て：高音)：相手局がコールサイン指

第2章　D-STAR無線機使いこなしガイド

定のときは高音「ピッ」

ON（自局宛て：アラーム/高音）：初期値，相手局がコールサイン指定のときは高音で「ピッ」とアラームが「ピロロロ」と鳴る

- サブバンド・ミュート

デュアルで運用しているときに，受信時と送信時にサブバンドの受信音をミュートする（音を切る）設定があります．初期値は，ミュートしない設定になっています．

メインバンドとサブバンドで同時に受信した場合は両方から受信音が聞こえます．送信時も送信中にサブバンドが受信したときに受信音が聞こえます．

受信時はサブから音を出して，送信時は音を出さないなど，運用のやり方で設定が変わると思いますが，ID-5100はメインとサブのボリュームが独立しているので，初期値のままでもボリュームで調整が可能です．

ただし，DVモードでデュアルのときは設定に関係なく「MAIN」側の音声だけになり，「SUB」側は自動的にミュートになって音声は出ません．

次の二つがサウンド設定のお勧め項目ですので，好みに合わせて設定します．

操作　MENU→サウンド設定→サブバンド・ミュート（メイン受信時）で設定，初期値「OFF」（**写真2-15の3**）

- OFF：サブバンドの受信音をミュートしない
- ミュート：メインバンドで受信したときにサブバンドの受信音をミュートする
- ビープ：サブバンドが受信していたときにサブバンドの受信が終了するとビープ音（ピッ）を鳴らす
- ミュート＆ビープ：メインバンドが受信している

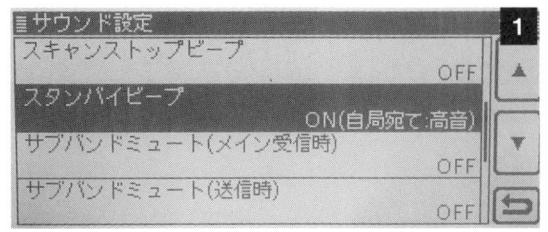

サウンド設定を選択

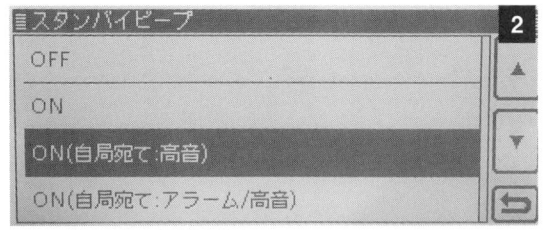

スタンバイ・ビープ設定画面

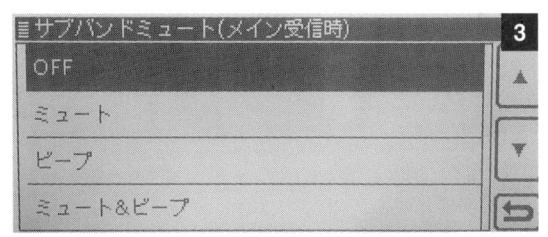

サブバンド・ミュート（メイン受信時）設定画面

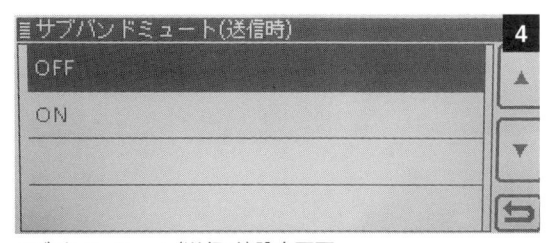

サブバンド・ミュート（送信時）設定画面

写真2-15　サウンド設定

ときにサブバンドの受信音をミュートして，サブバンドの受信が終了するとビープ音を鳴らす

操作　MENU→サウンド設定→サブバンド・ミュート（送信時）で設定，初期値「OFF」（**写真2-15の4**）

OFF：送信してもサブバンドの受信音をミュートしない

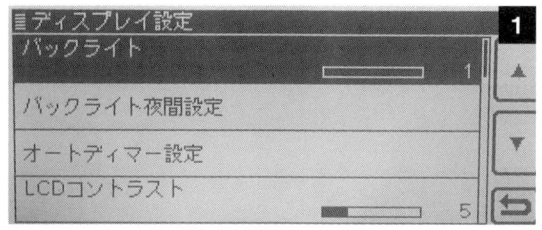

MENUのディスプレイ設定を選択

バックライト夜間設定画面

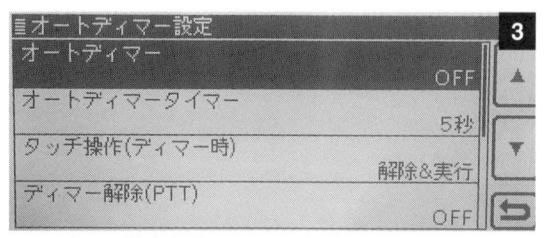

オートディマー設定画面

写真2-16 バックライト設定

ON：送信したときにサブバンドの受信音をミュートする

ディスプレイ設定

　バックライトを調整してディスプレイの明るさを自動で変える機能です．特に夜間はバックライトが明るすぎると，まぶしくなり運転がしにくくなります．カーナビのように車のスモールとの連動や明るさセンサでの自動調整機能はありませんが，夜間設定で調整することができます（**写真2-16**）．

● 夜間設定機能

　時間を指定してディスプレイの明るさを変える機能です（**写真2-16の1と2**）．

　例えば，夕方18時から翌朝6時までの間は，自動的に夜間用に設定した明るさにするときなどの設定項目は四つです．

操作　MENU→ディスプレイ設定→「下記の各項目で設定」

- バックライト夜間設定（初期値：OFF）

OFF：夜間表示にしない

ON：夜間表示にする

※ONにすると（写真2-16の3）オートディマー機能は動作しない

- 明るさ：1〜8　1が暗い（初期値：4）
- 開始時刻：0：00〜23：59（初期値：18：00）
- 終了時刻：0：00〜23：59（初期値：6：00）

　夜間設定はファームウェア「Release J3」（2015年5月リリース）で追加された機能です．

- オートディマー機能

　オートディマー・タイマーで設定した時間が経過したときに，無線機の操作をしないと自動でディスプレイの明るさを変える機能です（**写真2-16の3**）．

　夜間設定機能の夜間表示がONのときは動作しません．

操作　MENU→ディスプレイ設定→「下記の各項目で設定」

- オートディマー（初期値：OFF）

※バックライトの点灯状態の設定

OFF：無線機の電源が入っているとき，バックライトを常に点灯

オート-OFF：「オートディマータイマー」で設定した時間，操作しない状態が続くとバックライトが消灯し，タッチ・パネルや[DIAL]を操作したときは「バックライト」で設定した明るさで点灯

オート-1〜オート-7：「オートディマータイマー」で設定した時間が経過するまで何も操作しない状態が続くと「オート-1からオート-7」で設定した明

第2章　D-STAR無線機使いこなしガイド

るさで点灯し，タッチ・パネルやDIALを操作したとき「バックライト」(**写真2-16の1**)で設定した明るさで点灯(オート-1が一番暗くなる)

- オートディマータイマー（初期値：5秒）

※オートディマーが動作するまでの時間

5秒：オートディマーがOFF以外の設定のとき5秒以上操作しないときに自動で動作

10秒：オートディマーがOFF以外の設定のとき10秒以上操作しないときに自動で動作

- タッチ操作(ディマー時)（初期値：解除＆実行）

※オートディマー動作時に，タッチ・パネルを操作したときの無線機の動作を設定

解除のみ：タッチ・パネルを操作すると，オートディマーを解除(もう一度タッチするとタッチ操作を実行)

解除＆実行：タッチ・パネルを操作すると，オートディマーの解除と同時にタッチ操作を実行

- ディマー解除（PTT）（初期値：OFF）

※オートディマー動作時に，PTTを操作したときの無線機の動作を設定

OFF：オートディマーを解除せずに送信する
ON：オートディマーを解除して送信する

- ディマー解除（DV受信）（初期値：OFF）

※オートディマー動作時に，DVモードの信号を受信したときの無線機の動作を設定

OFF：オートディマーを解除せずに受信画面を表示
ON：オートディマーを解除して受信画面を表示

● 時間設定

ディスプレイに表示されている時計の時刻合わせの方法です．GPSをONにしておけば，自動的に時刻合わせができます．

GPS選択で「内蔵GPS」に設定します．

操作　MENU→GPS→GPS設定→GPS選択で設定，初期値「内蔵GPS」

時間設定メニューで「オート」に設定します．

操作　MENU→時間設定→GPS時刻補正で設定，初期値「オート」

設定方法はハンディ機(**写真2-4**)と同じです．

デュアル表示の組み合わせ例

ID-5100はデュアル表示でも見やすい，大型のディスプレイが採用されています．

DVモードも2波同時待ち受けができるため，運用方法が広がります．デュアル同時に受信したときの音声の出し方はサウンド設定のサブバンド・ミュートの項目で説明しているとおりです．

● D-STARだけの運用

組み合わせは，レピータとシンプレックスまたはレピータ2局表示が標準の使い方になります．2波同時に受信したときは，「MAIN」側の音声だけになり「SUB」側は自動的にミュートになって音声は出ません．

- DR＋シンプレックス(周波数表示)

レピータは，もちろんDR機能を使ってD-STAR表示にします(**写真2-17の1**)．

シンプレックスは，周波数表示(VFO)にする方法と，DR用のメモリにシンプレックスを登録してDR機能でシンプレックスにする方法があります．DR用メモリにシンプレックスの周波数を登録する方法は，"本章の2-1 ハンディ機使いこなしガイド"の「シンプレックス周波数のメモリ」(p.60)に記載のとおりです．

- DR＋DR

レピータを2局表示して運用するときの表示です(**写真2-17の2**)．

- シンプレックス＋シンプレックス

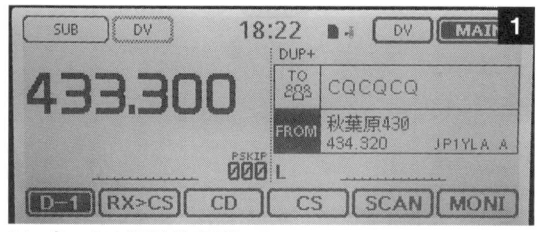

シンプレックス(周波数表示)+DR　　　　　　　　FM(周波数表示)+DR

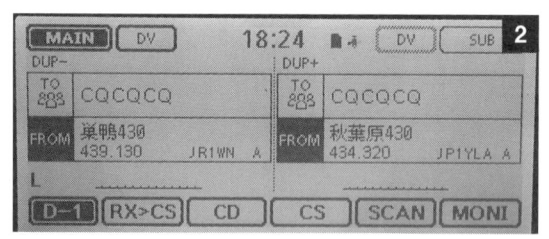

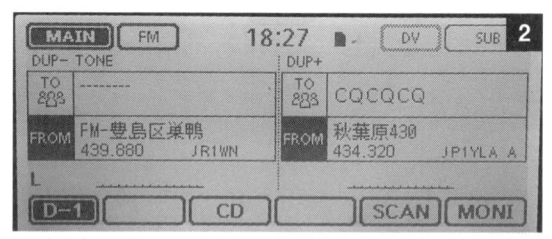

DR+DR　　　　　　　　　　　　　　　　　　　DR(FM)+DR

シンプレックス+シンプレックス　　　　　　　　　DVシンプレックス+FMデュアル画面

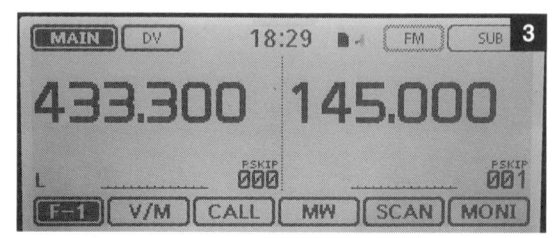

写真2-17　D-STARデュアル画面　　　　　　　**写真2-18　D-STAR+FMデュアル画面**

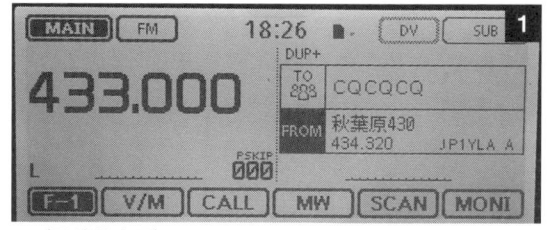

　この運用はあまり多くないと思いますが，144MHzと430MHz両方のシンプレックス表示が可能です．VFOでデュアルかDRのシンプレックス・メモリーでデュアルのどちらでも可能です．呼出周波数は145.30MHzと433.30MHzです．**写真2-17の3**は，430MHzのDVメインとDVサブを設定した例です

● **D-STARとFMを運用**

　この組み合わせも，モードの違いだけでD-STARだけの運用と同じです．

・DR(D-STAR)+FMシンプレックス(周波数表示)

　周波数表示のモードがFMになっただけで，DR+DVシンプレックスと同じです(**写真2-18の1**)．

・DR(D-STAR)+DR(FMレピータ)

　ID-5100はDRデータにFMレピータが登録できるため，MAINとSUBをDR表示してD-STARレピータとFMレピータを表示させます(**写真2-18の2**)．

・**D-STARシンプレックス+FMシンプレックス**

　D-STARもFMもレピータを使わずシンプレックス運用だけを行うときの表示です．

　VFOでデュアルかDRのシンプレックス・メモリーでデュアルのどちらでも可能です．それぞれの呼出周波数は，D-STARは145.30MHzまたは433.30MHz，FMは145.00MHzまたは433.00MHzです(**写真2-18の3**)．

　D-STARとFMを同時に受信したときや送信したときの音声の出し方は，サウンド設定のサブバンド・ミュートの項目で説明しているとおりです．

第2章　D-STAR無線機使いこなしガイド

2-4 固定機使いこなしガイド IC-9100を使う

ID-5100やIC-7100も固定機として使えますが，ここではIC-9100を固定機として定義します．以下の説明は，1200MHz帯の運用以外はIC-7100にも応用できます．

2015年10月現在の現行機種の中で1.9MHz帯から1200MHz帯が運用できる唯一の機種です．なお，1200MHzはオプションのUX-9100の追加が必要となります．D-STARは28MHz以上の周波数帯で運用することができるので，28～1200MHzまでのDV（音声）モードの運用が可能です．

IC-9100でのD-STARの操作

IC-9100は1.9～1200MHzまでのオールモード機のため操作が複雑ですが，D-STARの運用に関してはID-31やIC-7100など，ほかのD-STAR対応機と同じく複雑な設定や操作は必要ありません．レ

写真2-19　DR機能はF-4右下の「DVDR」を長押し

ピータを使うときはDR機能，シンプレックス運用はモードをDVにするだけです．DR機能とモードDVは一つのボタンで切り替えができます．

● DR機能の操作のコツ

「DV DR」ボタンを長押しすると，ディスプレイ下側のメニュー表示の上にレピータの名称が表示されてDR機能になります（写真2-19）．操作方法は，図1-12を参照してください．レピータの名称やコールサインは表示しますが，ほかの機種と違ってFROMとTOの表示がないため少しわかりにくいかもしれませんが，次の操作が使い方のコツです．

- FORMとTOの代わりが「r」と「ur」

「r」は自局がアクセスするレピータ（FROM）で「ur」が接続先（TO）です．「r」と「ur」は同時表示でないため，F4(UR)を押して切り替えます．

- レピータの選択はテンキーも使える

基本はメイン・ダイヤルかM-CHダイヤルを回して選択しますが，テンキーを押すことでエリアごとに頭出しができます．例えば，テンキーの

図2-2　DR機能の操作のコツ

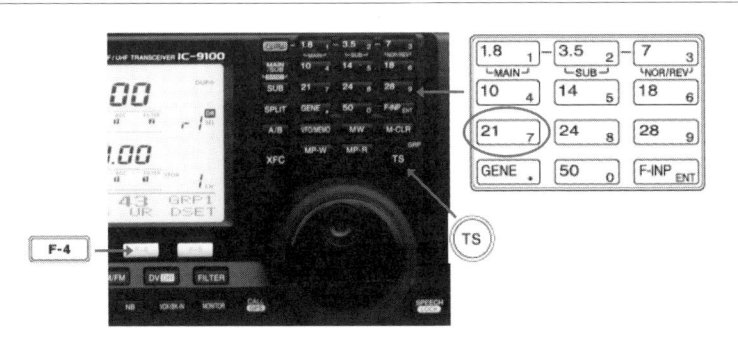

・F-4でアクセスするレピータ（r）と接続先（ur）を切り替える
・テンキーでレピータ・グループ（GRP）をワンタッチで選択できる
　例：7を押した場合はGRP7（7エリア）の1番目の登録が表示され，メイン・ダイヤルを右に回して7エリアのレピータを選択する．左に回すとGRP6（6エリア）になる．
・urの状態でTSを押すとCQCQCQ→レピータ・グループ（GRP）メモリした相手局コールサイン（UR）に切り替わる．

D-STAR通信がすぐわかる本　75

図2-3 アクセスできないレピータをカット

(画面キャプション) RPT1 USEをNOにするとレピータ選択「r」のときにカットできる

7を押すとレピータ・リストの7エリアに登録されている最初のレピータになります．右に回すと7エリア，左に回すと6エリアになります．

よって，テンキーの8を押すと8エリアの最初になるため，ダイヤルを左に回せば7エリアに登録されている最後のレピータが表示されます．

● TSボタンはほかの機種のTO選択と同じ

接続先「ur」の状態でTSを押すと「CQ」「GRP」「UR」に切り替わります．この操作はハンディ機ではTOで決定キーを押した状態，モービル機ではTOをタッチした状態で，「山かけCQ」「エリアCQ」「個人局」を選択する機能と同じです．

「CQ」は「山かけCQ」（CQCQCQ），「GRP」は「エリアCQ」（接続先レピータ選択），「UR」は「個人局」（コールサイン指定呼出）になります．

個人局のコールサインを登録してない場合は「UR」は表示されません．

● アクセスできないレピータをカットする

固定運用の場合，アクセスできないレピータを選択できないようにするとレピータを切り替えるときに便利です．IC-9100はレピータのリスト表示ができないため，レピータ局が多い地域で効果があります．例えば，1エリアの場合は430MHzと1200MHzを合わせてレピータ局が70局近くあり，アクセスできるレピータが5局のときは，レピータ選択「r」のときに5局以外はダイヤルを回しても表示されないように設定しておきます．設定は，アクセスできるレピータのRPT1をYESにしてほかのレピータはNOにします．**図2-3**が設定ソフトCS-9100で設定した例です．同じように，自局のエリアだけのレピータを選択可能にしておく設定もできます．1エリアの場合は，ほかのエリアのレピータのRPT1の設定をすべてNOにします．

この設定をしても，接続先レピータ「UR」は全

第2章　D-STAR無線機使いこなしガイド

レピータの選択が可能です．

固定運用時のレピータ利用のポイント

　関東，東海，関西などのレピータ局が多い地域は同じ周波数のレピータ局があり，運用環境によってはダブル・アクセスが発生します（**コラム4**）．

　また，隣接周波数のレピータ局の場合，片方のレピータに影響を与えてしまうときもあります．例として1エリアの入間（434.14MHz＋DUP），堂平山（439.15MHz -DUP），立川（434.16MHz＋DUP）は連続している周波数になっています．堂平山は広域をカバーしている関係もあって，入間と立川を利用するときにアクセスする場所によっては堂平山に影響が出るときがあります．これらのレピータにアクセスするときは，アンテナと送信出力の調整で回避できることがあります．

● アンテナの選択と地上高

　ハンディ運用やモービル運用のときは，アンテナはそれぞれに合ったものを使用しますが，固定運用は八木アンテナやグラウンドプレーンなど，いろいろなアンテナを使用することになります．

　固定局からレピータを利用するときはレピータにアクセスできれば良いため，高利得のアンテナは必要ないかもしれません．八木アンテナで運用した場合，自局がアクセスしているレピータではない同じ周波数のレピータ局からの電波を受信してしまったり，逆に自分の電波がほかのレピータのエリアまで届いてしまうこともあります．

コラム❹　D-STARレピータのダブル・アクセス

左側の図：

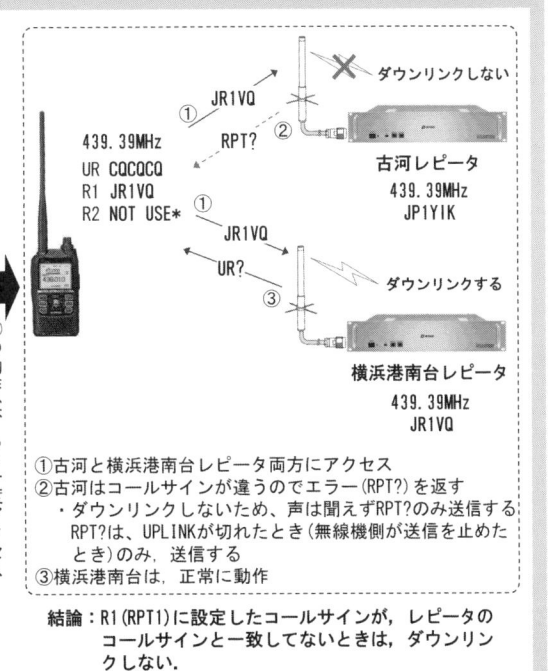

439.39MHz
UR CQCQCQ
R1 JP1YIK
R2 NOT USE＊

① JP1YIK
② UR?
→ 古河レピータ 439.39MHz JP1YIK → ダウンリンクする

③ JP1YIK / RPT? → 横浜港南台レピータ 439.39MHz JR1VQ → ダウンリンクしない

④ SET
439.39MHz
UR CQCQCQ
R1 JR1VQ
R2 NOT USE＊
←書き換わる

デジタル・レピータ・セットが ON に設定されている場合に書き換わる
（IC-2820G/DG以外は初期値ON）
注：ＤＲ機能時は書き換わらない

①古河と横浜港南台レピータ両方にアクセス
②古河は正常のためOK（UR?）を返す
　・ダウンリンクするため，声が聞こえる
③横浜港南台はコールサインが違うのでエラー（RPT?）を返す
　・ダウンリンクしないため，声は聞けずRPT?のみ送信する
④横浜港南台の電波が古河より強い場合は，無線機のR1が書き換わる．ただし，DR機能使用時は書き換わらない
※③，④は，レピータのコールサインを間違って設定した時も同じ動作になります．

④の動作後，もう一度アクセス

右側の図：

439.39MHz
UR CQCQCQ
R1 JR1VQ
R2 NOT USE＊

① JR1VQ
② RPT?
→ 古河レピータ 439.39MHz JP1YIK → ダウンリンクしない

③ JR1VQ / UR? → 横浜港南台レピータ 439.39MHz JR1VQ → ダウンリンクする

①古河と横浜港南台レピータ両方にアクセス
②古河はコールサインが違うのでエラー（RPT?）を返す
　・ダウンリンクしないため，声は聞けずRPT?のみ送信する
　RPT?は，UPLINKが切れたとき（無線機側が送信を止めたとき）のみ，送信する
③横浜港南台は，正常に動作

結論：R1（RPT1）に設定したコールサインが，レピータのコールサインと一致してないときは，ダウンリンクしない．
※FMレピータのトーンを変えて，レピータが開かないようにしているような感じ

D-STAR通信がすぐわかる本　77

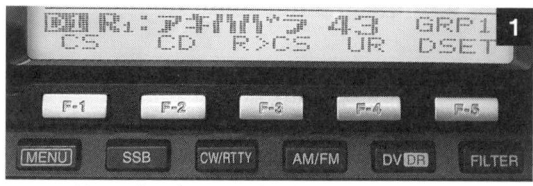

MENUを押して「D1」でDSET(F-5)を押す

SET(F-5)を押す

▲▼で項目を選択
メイン・ダイヤルでON-2にする．MENUを押して戻る

写真2-20　スタンバイ・ビープの設定

　アンテナの高さは簡単に調整できないため難しいと思いますが，アンテナの利得と同時にアンテナの地上高も関係するため，レピータにアクセスするアンテナの高さにも注意が必要です．

● パワー調整

　IC-9100は送信出力の連続可変ができるため，レピータに安定してアクセスできる最適な出力で運用することができます．常に最高出力にする必要はありませんが，ほかのレピータ局のエリアまで飛んでしまうこともあります．

　運用する環境やアンテナにもよりますが，出力が強すぎるとかえってマルチパス（反射波）の影響でアクセスが不安定になってしまうことがあります．D-STARでは「音声がケロッてしまう」ということになります．

　まとめると，固定運用はダブル・アクセス防止やほかのレピータに影響を与えないようにするために，利用するレピータにアクセスできる環境にもよりますが，3高（高利得・高い地上高・高出力）は必要ないということになります．

IC-9100のお勧め設定

● 設定の変更

　DVモード時の設定は，MENU→D1画面→DSET(F-5)→SET(F-5)でDVセット・モードを表示します．メニュー項目は▲(F-1)と▼(F-2)で選択して，設定の変更はダイヤルで行います．設定書き込みはありませんので，変更後にMENUを押して通常画面に戻ります．

・スタンバイ・ビープ（DVモードときのみ）

　相手局の送信が終わると「ピッ」というスタンバイ・ビープ音が鳴りますが，これは無線機側で鳴らすか鳴らさないかを設定します．設定は3パターンあって，コールサイン指定で呼ばれたときに音を変えることができます．

　お勧めの設定は，初期値はほかの機種と同じく通常は「ポッ」という感じですが，高音で「ピッ」にする設定です．この音の違いで相手局がカーチャンクをしただけでも自局宛てにコールサイン指定で呼んでいることがわかります（**写真2-20**）．

操作　MENU→D1画面→DSET(F-5)→SET(F-5)→1 Standby Beepで設定．初期値「ON-1」
OFF：鳴らさない（この設定は，お勧めしません）
ON-1：スタンバイ・ビープはすべて同じ音「ポッ」
ON-2：相手局が自局宛てコールサイン指定のときは高音「ピッ」

・DVモード自動検出

　シンプレックスで受信中にFM局を受信している間だけ，受信モードが自動でFMになるためFM局の音声を聞くことができます．FM波を受

第2章　D-STAR無線機使いこなしガイド

MENUを押して「D1」でDSET(F-5)を押す

SET(F-5)を押す

▲▼で項目を選択
メイン・ダイヤルでONにする．MENUを押して戻る

写真2-21　DV自動検出の設定

信してもSメータを見ていれば信号がわかりますが，DVモードの状態では音声が聞こえないためシンプレックスで待ち受けをしているときに音声で確認できます（**写真2-21**）．FM波を受信したときは，モード表示の「DV」が点滅します．

操作　MENU→D1画面→DSET(F-5)→SET(F-5)→8 DV Auto Detectで設定，初期値「OFF」
OFF：FMモードに切り替えない
ON：自動的にFMモードに切り替える

● フィルタ

　受信帯域を15kHz，10kHz，7kHzの3種類に変えることができます．DVモードの占有帯域幅は6kHzですが，10kHzが聞きやすいと思います．フィルタを変えてみて自分の聞きやすい帯域に変更します．設定は「FILTER」ボタンを押すごとに切り替わります．

2-5　D-STARを便利に使う技あり設定

相手局コールサインとレピータ・リストを無線機に直接設定する方法

● 相手局コールサイン

　よく呼び出す相手局は「相手局コールサイン」に登録しておくと便利です．**図2-4**のようにクローニング・ソフトを使用すると簡単ですが，無線機に直接設定する方法は**写真2-22**のように行います．登録する項目は，相手局の名前など任意の「ネーム」と「コールサイン」です．

● 設定操作の流れ

　無線機に直接設定する操作は，次のとおりです．**写真2-22**はID-51の例ですが，ID-5100とIC-7100も操作の流れは同じです．

❶MENU(IC-7100はSET)→❷DVメモリ→❸相手局コールサイン→❹QUICK→❺追加→❻ネーム→「任意で名前などを入力」→❼決定(IC-7100とID-5100はENT)→❽コールサイン→「コールサインを入力」→❾決定(IC-7100とID-5100はENT)→❿追加書き込み

　すでに登録しているコールサインがある場合は「相手局コールサイン」の画面で反転している行の下に登録になります．

　登録するコールサインの順番を決めたいときは❸の画面で，上下キーかダイヤルで登録したい行の一つ上を反転してから登録操作を開始します．

　❻のネームを登録した場合は，相手局コールサ

| 1 MENUのDVメモリーを選択 | 2 相手局コールサインを選択 | 3 相手局コールサイン表示画面 |
| 4 QUICKを押したときの画面 | 5 ネームを選択 | 6 ネームを入力後「決定」 |

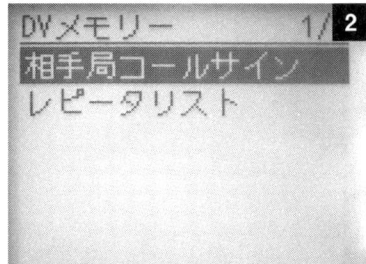

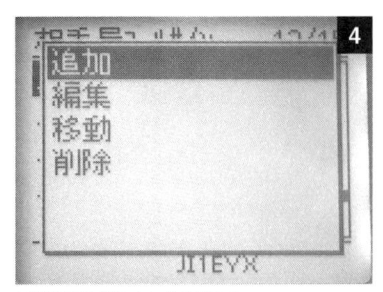

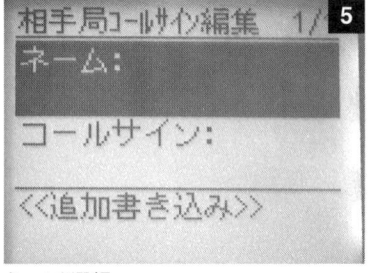

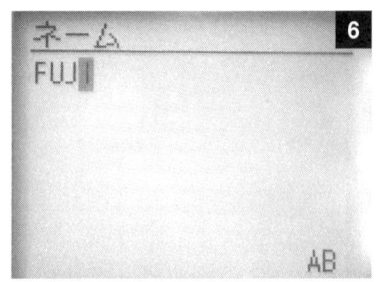

写真2-22　相手局コールサインの登録

図2-4　相手局コールサインの登録

80　D-STAR通信がすぐわかる本

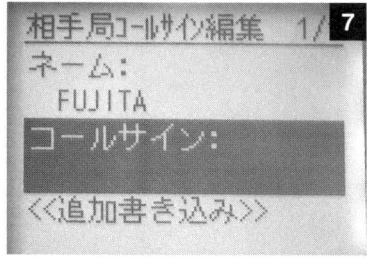

第2章　D-STAR無線機使いこなしガイド

7 コールサインを選択

8 コールサインを入力後「決定」

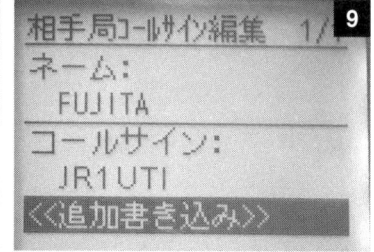

9 追加書き込みを選択

10 「はい」を選択

11 FUJITA（JR1UTI）が追加される

※文字入力の方法は,「文字入力の基本操作」の項を参照.

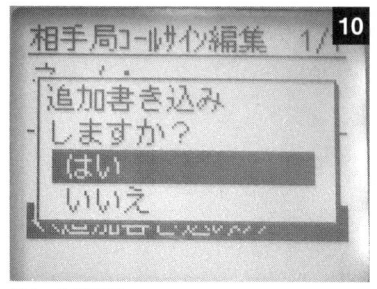

写真2-22　相手局コールサインの登録（つづき）

イン一覧画面に登録したネームが表示され,コールサインは一覧画面の右下に小さく表示されます（**写真2-23**の1）. ネームを登録しない場合はコールサインのみが表示されます（**写真2-23**の2）.

レピータ・リスト

レピータが開局したときにレピータ・リストに追加する方法の基本の流れは,相手局コールサインと同じです.

1 ネーム登録をしたとき

2 ネーム登録をしていないとき

写真2-23　コールサイン表示とネーム表示

●レピータを登録する

設定項目は次のとおりですが,最低,レピータとGW（ゲートウェイ）のコールサイン,USE（FROM）およびグループの4項目を登録すれば使用できます（**写真2-24**）.

- ネーム：レピータの名称
- サブネーム：任意（国名や都道府県名など）
- コールサイン：レピータのコールサイン
- GWコールサイン：レピータのコールサインにGが付いて自動で設定される（アシスト接続などゲートウェイ・レピータが違うときは手動で設定する）
- グループ：どのグループに登録するか,01関東,02東海など
- USE（FROM）：FROM（自局がアクセスするレピータ）で使用するかどうか.「YES」にすると

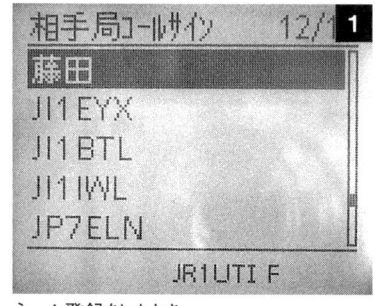

D-STAR通信がすぐわかる本 | 81

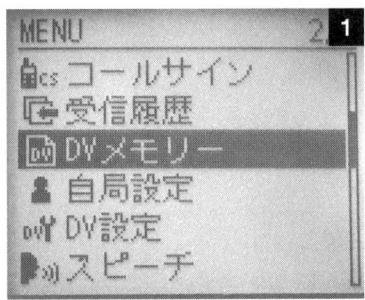

1 MENU 2/ CS コールサイン 受信履歴 DVメモリー 自局設定 DV設定 スピーチ MENUのDVメモリーを選択	**2** DVメモリー 1/ 相手局コールサイン レピータリスト レピータ・リストを選択	**3** レピータグループ 1/ 01：関東 02：東海 03：近畿 04：中国 05：四国 06：九州・沖縄 レピータ・リスト（グループ）表示画面
4 レピータリスト GRP 01 1/ 堂平山430 秋葉原430 巣鴨430 東京電機大学430 浜町430 埼玉県　　JP1YKR A レピータ・リストを表示	**5** レピータリスト GRP 01 1/ SKIP 追加 編集 SKIP すべてON SKIP すべてOFF 移動 埼玉県　　JP1YKR A QUICKを押したときの画面	**6** レピータリスト編集 1/ ネーム： サブネーム： コールサイン： レピータ・リスト編集画面
7 USE (FROM) 1/ NO YES USE(FROM)をYESにすると，周波数など を設定する項目が追加表示になる	**8** レピータリスト編集 3/ 周波数： DUP： OFF オフセット周波数： 0.000.00 周波数，DUP，オフセット周波数	**9** レピータリスト編集 4/ 位置情報： なし UTCオフセット： --:-- ≪追加書き込み≫ 完了後，メニューの≪追加書き込み≫か QUICKを押して≪追加書き込み≫で登録

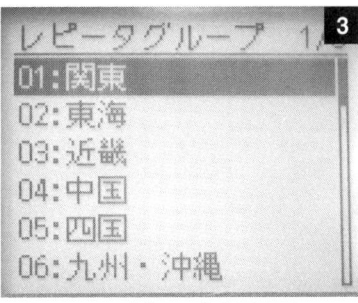

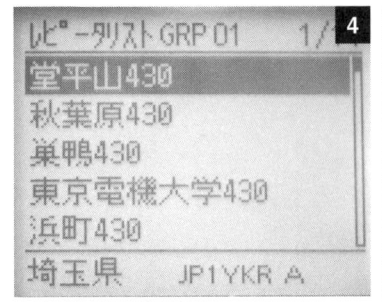

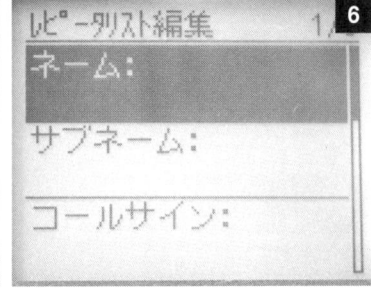

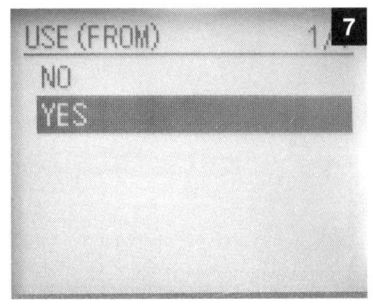

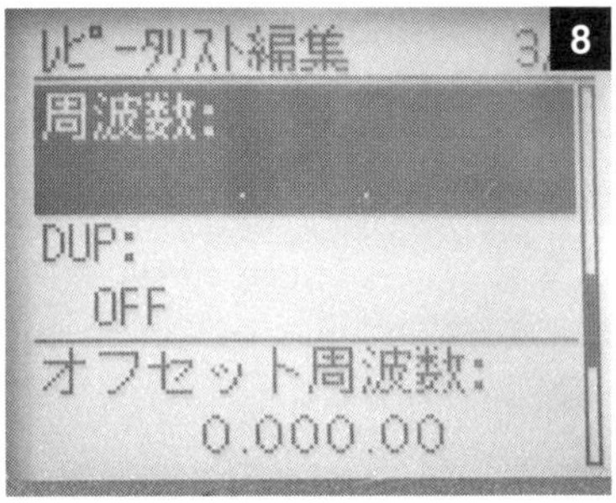

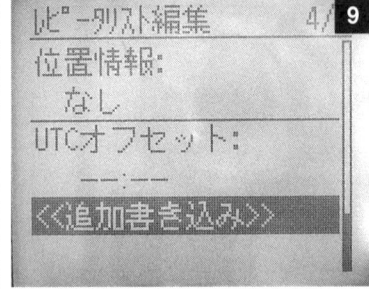

※各項目に合わせて決定キーを押すと入力可能になる．入力が完了したら決定キーを押すと設定される．
※文字入力の方法は，「文字入力の基本操作」の項を参照．
写真2-24　レピータ・リストの登録

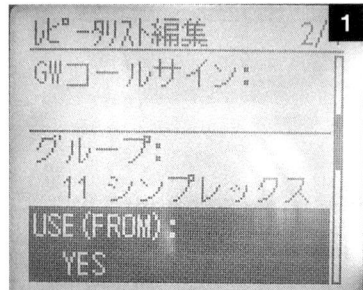

1 レピータリスト編集 2/ GWコールサイン： グループ： 11 シンプレックス USE (FROM)： YES USE(FROM)をYESにする	**2** レピータリスト編集 3/ 周波数： 433.300.00 DUP： OFF オフセット周波数： 5.000.00 DUPをOFFにする

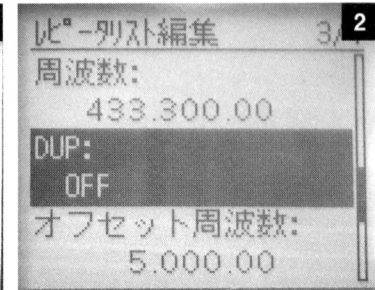

写真2-25　シンプレックス周波数の登録

第2章　D-STAR無線機使いこなしガイド

■ 文字入力操作時の基本操作

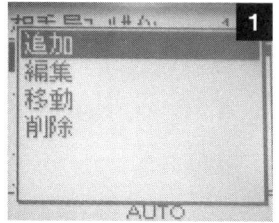

1. 入力項目でQUICKを押したとき
2. 右下に文字種が表示されているときはQUICKで文字種が変更できる 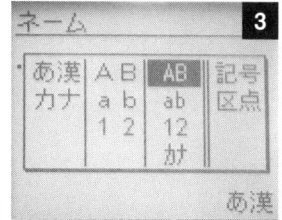
3. QUICKを押して文字の種類を変更 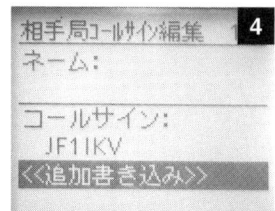
4. メニューの≪追加書き込み≫かQUICKを押して≪追加書き込み≫で登録

■ 漢字の入力

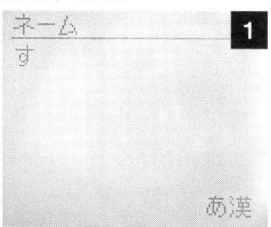

1. 漢字「あ漢」を選択して「す」を入力した例 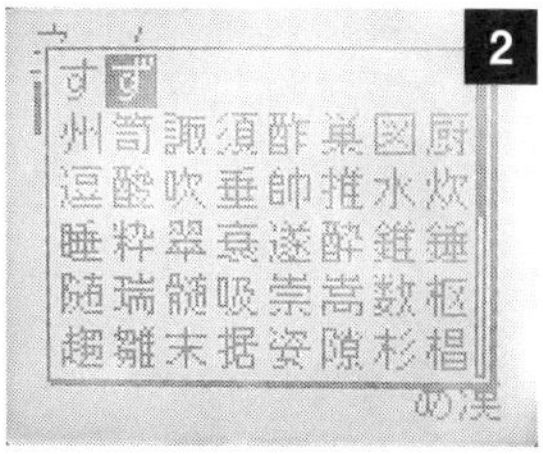
2. QUICKを押すと候補表示になる 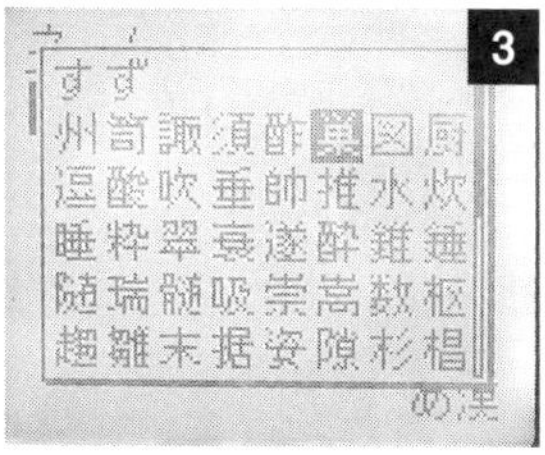
3. ダイヤル・キーか十字キーで選択 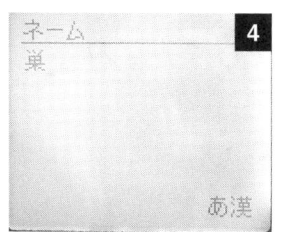
4. 決定キーで確定

■ アルファベットと数字の入力

1. ダイヤルを回して文字を選択
2. 十字キーのCSを押して次の桁にする 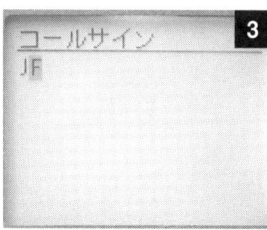
3. ダイヤルを回して次の文字を選択
4. 入力が完了したら決定キーを押す

写真2-26　文字入力の基本操作(ID-31, ID-51, ID-51PLUS)

周波数設定などの下記が表示される．
- 周波数：レピータのアップリンク周波数
- DUP：周波数を登録するとDUP-が自動で設定される(周波数が434MHz帯のときは注意，手動でDUP+に設定する)
- オフセット周波数：5,000.00(5MHz)に自動で設定される
- 位置情報：任意(「なし」以外にすると下記が表示される)
経度：00度00分00秒の形式
緯度：00度00分00秒の形式
- UTCオフセット：UTC時間との差，レピータ詳細表示をしたときの時刻表示が，そのレピータが設置されている場所の時刻になる．日本は+9：00

● シンプレックスの周波数を登録する

　レピータ・リストは，レピータだけでなくメモリ・チャネルのようにシンプレックスの周波数を登録することができます．よく使用する周波数を登録しておくことで，メモリやVFOモードに切

り替えをしなくても，DR状態のままシンプレックスになります．

　設定は2項目で，グループとUSE(FROM)をYESにして周波数の入力とDUPをOFFにするだけで使用可能です(**写真2-25**)．

- グループ：どのグループに登録するか，任意のグループを選択する
- USE(FROM)：YES(「YES」にすると下記が表示される)
- 周波数：バンド・プランで使用可能な任意の周波数
- DUP：周波数を登録するとDUP−が自動で設定されるので「OFF」にする
- オフセット周波数：5.000.00(5MHz)に自動で設定されたままで可

文字入力の基本操作

　コールサイン・メッセージ・ネーム(レピータ名称)などの文字の入力や編集など，入力する項目を表示したときに，ほとんどの基本操作は「QUICK」を押すことで入力モードや文字種選択になります．また，文字を無線機に直接入力するときは，文字を1文字ずつ選択して入力する方式です．

● **ID-31，ID-51，ID-51PLUSの操作例**(**写真2-26**)
❶入力する項目に合わせたらQUICKを押す
❷追加または編集を選択する
- DVメモリ(相手局コールサイン)の場合は，文字を入力したい項目を選択して決定キーを押します．

❸ダイヤルを回して登録したい文字を選択して決定キーを押す
- 文字の種類は，画面の右下に表示されています．

文字種を変更する場合はQUICKを押して，ダイヤルか十字キーで表示された文字種を選択して決定キーを押します．
- 字「あ漢」を選択したときは，読みの1文字目を選択してQUICKを押すと候補一覧を表示します．漢字は単漢字選択のため，ダイヤルか十字キーで漢字を選択して決定キーを押します．
- 訂正や削除したい文字の選択，文字の間に挿入するときや文字の入力桁を変えるときは，十字キーのCDかCSを押して左右に移動します．
- 文字を消したいときはCLR(V/MHz)を押します．

❹必要な文字の入力が終わるまで❸を繰り返す
❺文字の入力が終了したら，決定キーを押す
- 自局設定(コールサインとメッセージ)はこれで完了です．

❻DVメモリ(相手局コールサイン)の設定の場合は，追加書き込みか上書きを選択して決定キーを押す

● **ID-5100，IC-7100の操作例**(**写真2-27**)
❶ダイヤルを回して入力する項目に合わせたらQUICKを押す
❷追加または編集を選択する
- DVメモリ(相手局コールサイン)の場合は，文字を入力したい項目をタッチします．

❸入力したい文字をタッチする
- ID-5100は文字種がアルファベットのときは，ここでQUICKを押すとフル・キーボード表示が選択できます(**写真2-28**)．
- アルファベットと数字は「AB⇔12」で切り替えます．
- 文字の種類は[あ漢]または[AB]をタッチして変更したい文字種をタッチします．

第2章　D-STAR無線機使いこなしガイド

■ 文字入力操作時の基本操作

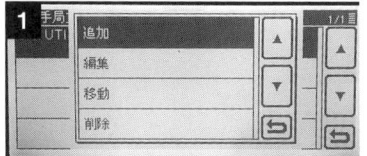

入力項目でQUICKを押したとき

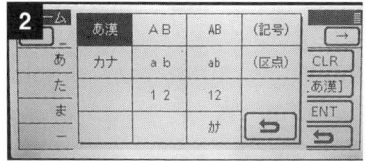

右下に文字種が表示されているときは[あ漢]で文字種が変更できる

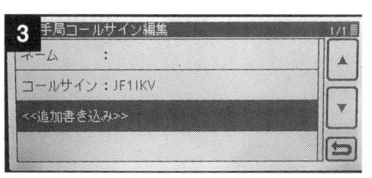

メニューの《追加書き込み》かQUICKを押して《追加書き込み》で登録

■ 漢字の入力

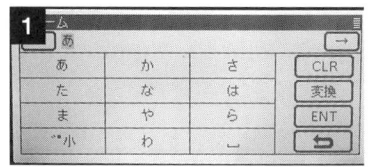

漢字「あ漢」を選択して「あ」を入力した例

「変換」を押すと候補表示になる．ダイヤルか上下をタッチして選択，さらに文字をタッチする

■ アルファベットの入力と数字の入力

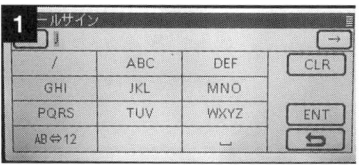

入力する文字を携帯電話のようにタッチして選択

左右の矢印をタッチすると桁移動になる

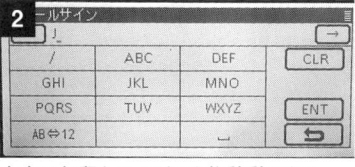

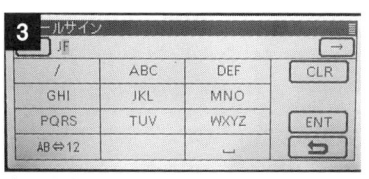

次の文字をタッチして選択し，入力が完了したらENTをタッチする

写真2-27　文字入力の基本操作（ID-5100，IC-7100）

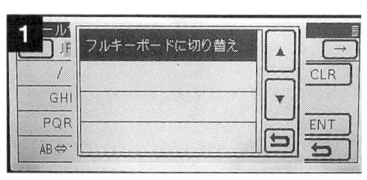

アルファベットと数字の入力のときにQUICKを押す．テンキー表示に戻すときはもう一度QUICKを押す

フル・キーボードが表示される

写真2-28　ID-5100のフル・キーボード切り替え

- 漢字「あ漢」を選択したときは，読みの1文字目を選択して「変換」をタッチすると候補一覧を表示します．漢字は単漢字選択のためダイヤルか上下をタッチして漢字を選択してタッチします．
- 訂正や削除したい文字の選択，文字の間に挿入するときや文字の入力桁を変えるときは，入力行左右の←か→をタッチして移動します．

- 文字を消したいときはCLRをタッチします．
- ❹ 必要な文字の入力が終わるまで❸を繰り返す
- ❺ 文字の入力が終了したら，ENTをタッチする
- 自局設定（コールサインとメッセージ）はこれで完了です．
- ❻ DVメモリ（相手局コールサイン）の設定の場合は，追加書き込みか上書きをタッチする

D-STAR通信がすぐわかる本 | 85

2-6　周辺機器との組み合わせ（オプションの選択）

ここでは，運用に便利なオプションを紹介します．

ハンディ機

ハンディ機のオプションは，使い方に応じていろいろな選択ができます．

● バッテリ・パックで運用時間の延長

付属バッテリでの運用時間は，標準使用の目安として送信1分/受信1分/待ち受け8分（パワーセーブ：「オート（短）」）の時間比の繰り返し運用で4〜5時間くらいです．送信時間が長いか短いかで運用できる時間は大きく変わります．

対策は，予備のバッテリ・パックを用意しておくことです（**写真2-29**）．

(1) BP-271：付属と同じバッテリ・パック
(2) BP-272：大容量バッテリ・パック（7〜8時間）

最後の手段は，乾電池使用になります．単三型乾電池3本が入るBP-273（乾電池用バッテリ・ケース：**写真2-29**の3）を使用しますが，送信出力がSLOW（100mW）での運用しかできません．

● 充電と充電時間の短縮

BC-202（急速充電器：**写真2-30**）を使用すると付属の簡易充電器より$\frac{1}{2}$か$\frac{1}{3}$の時間で充電が完了します．予備のバッテリを用意したときは，急速と簡易充電器を使って2個同時に充電ができるようになります．ただし，付属の充電器や外部DC電源からの充電は，バッテリ・パック保護のため満充電になりません．急速充電器は満充電ができます．

● 外部電源ケーブルの使用

車や家で使うときは，外部電源が使えます．オプションは使い方によって3種類から選択できます（**写真2-31**）．

(1) CP-12L：シガレット・ライター用でノイズ・フィルタ付きケーブル
(2) CP-19：シガレット・ライター用でDC-DCコンバータ内蔵ノイズ・フィルタ付きケーブル
(3) OPC-254L：DC電源ケーブル

お勧めは，出力電圧が11Vで一定のためCP-19

1 BP-271
付属と同じバッテリ・パック

2 BP-272
大容量バッテリ・パック（7〜8時間）

3 P-273
乾電池用バッテリ・ケース

写真2-29　ハンディ機に対応するオプション

第2章　D-STAR無線機使いこなしガイド

写真2-30　BC-202
急速充電器

です．特に車の場合は電圧が一定しないため，CP-12LやOPC-254Lは無線機に過電圧がかかる可能性があります．家で安定化電源を使用するときは，OPC-254Lを直接接続する方法が可能です．

● 外部マイクロホン

マイクやタイピン・マイクなど，4種類あります（**写真2-32**）．これらは運用形態にあわせて選択するのが良いでしょう．

(1) HM-186LS：スピーカ・マイクロホン，マイク本体にイヤホン接続可能
(2) HM-75LS：リモコン機能付きスピーカ・マイクロホン，マイク本体にイヤホン接続可能
(3) HM-153LS：タイピン・マイクロホン，イヤホン付き
(4) HM-166LS：小型イヤホン・マイクロホン，HM-153LSの小型版

ハンディ機の内蔵マイクロホンを使用したときは，送信音質が浅めで少しこもり気味になります．送信音は他局にモニタしてもらって，マイク・ゲインと送信音質調整をすると改善されます．

• マイク・ゲインの設定

操作　MENU→機能設定→マイク・ゲイン(内部)で設定

お勧めは，マイク・ゲイン(内部)を「4」です．

• 送信音質の設定

操作　MENU→DV設定→トーンコントロール→送信音質(低音)または(高音)で設定

お勧めは，送信音質(高音)を「強調」です．

外部マイクロホンを使用すると音質はよりクリアになります．

● 無線機の保護

落下時の本体保護やキズ防止には2種類のオプションがあります（**写真2-33**）．

(1) LC-175：ID-31用キャリング・ケース
(2) LC-179：ID-51用キャリング・ケース
(3) SJ-1：ID-51＋BP-271(付属品)専用シリコン・ジャケット

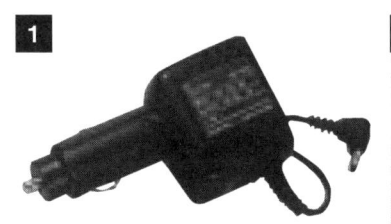

1
CP-12L
シガレット・ライター用でノイズ・フィルタ付きケーブル

2
CP-19
シガレット・ライター用でDC-DCコンバータ内蔵ノイズ・フィルタ付きケーブル

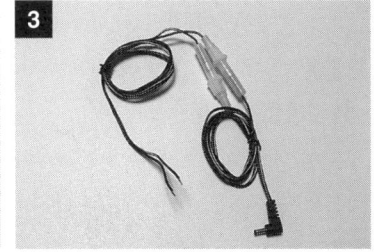

3
OPC-254L
DC電源ケーブル

写真2-31　外部電源用ケーブル

1

HM-186LS
スピーカ・マイクロホン

2

HM-75LS
リモコン機能付きスピーカ・マイクロホン

3

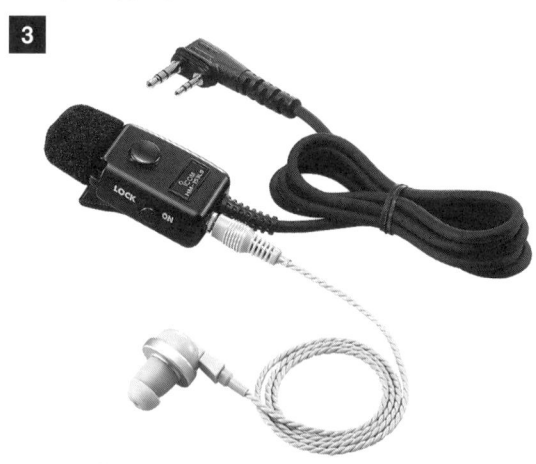

HM-153LS
タイピン・マイクロホン，イヤホン付き

写真2-32　外部マイクロホン

4

HM-166LS
小型イヤホン・マイクロホン

● **お勧めのハンディ機オプション組み合わせ**

　ハンディ機は運用形態で多様な組み合わせがあります．お勧めは次の組み合わせです．

・**外で運用する場合**

　予備バッテリ・パック（BP-271）＋急速充電器（BC-202）＋外部マイク（MH-186LS）

・**家で運用する場合**

　外部電源用ケーブル（OPC-254LかCP-19）＋外部マイク（MH-186LS）

モービル機

　モービル機はID-5100になりますが，車載用のオプションの設定があるため，ここではIC-7100もモービル機とします．

● **車載用マウント・ブラケット**

　セパレート専用無線機のため，コントローラ用と本体用があります（**写真2-34**）．

第2章　D-STAR無線機使いこなしガイド

1 LC-175
ID-31用キャリング・ケース

2 LC-179
ID-51用キャリング・ケース

3 SJ-1
ID-51＋BP-271（付属品）専用シリコン・ジャケット

写真2-33　ハンディ機保護用ケース

• ID-5100用
(1) **MBF-1**：吸着（吸盤）タイプのマウント・ベース（ID-5100, IC-7100共通）
(2) **MBA-2**：ID-5100用マグネット付きコントローラ・ブラケット
(3) **MBF-4**：ID-5100本体用ブラケット

　MBF-1を使用するときは，MBA-2をコントローラに取り付ける必要があります．MBA-2はビス止めやマグネットで取り付ける方法であれば単体で使用できます．

• IC-7100用
(1) **MBF-1**：吸着（吸盤）タイプのマウント・ベース（ID-5100, IC-7100共通）
(4) **MBA-1**：IC-7100用コントローラ・ブラケット
(5) **MB-62**：IC-7100本体用ブラケット

　MBF-1を使用するときは，MBA-1をコントローラに取り付ける必要があります．MBA-1はビス止めであれば単体で使用できます．

● 延長ケーブル
　コントローラと本体の設置位置の関係で付属の

1 MBF-1
吸着（吸盤）タイプのマウント・ベース（ID-5100, IC-7100共通）

2 MBA-2
ID-5100用マグネット付きコントローラ・ブラケット

IC-5100/IC-7100
MBF-1を使用するときは，MBA-1またはMBA-2をコントローラに取り付ける必要があります．

3 MBF-4
ID-5100本体用ブラケット

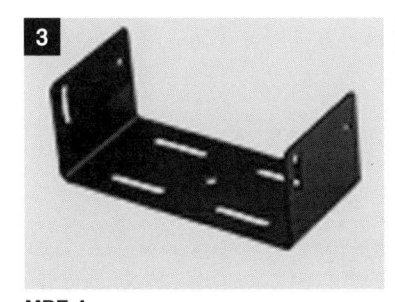

4 MBA-1
IC-7100用コントローラ・ブラケット

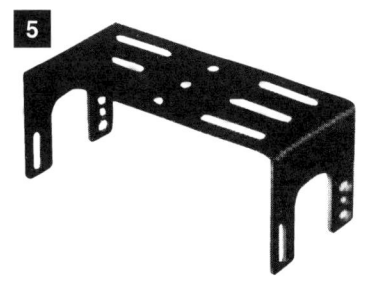

5 MB-62
IC-7100本体用ブラケット

写真2-34　車載用マウント・ブラケット

1 OPC-1156
コントローラと本体接続ケーブル延長用（3.5m）

2 OPC-440
マイクロホン延長ケーブル（5.0m）
OPC-647
マイクロホン延長ケーブル（2.5m）

3 OPC-2253
コントローラと本体接続ケーブル（3.5m）
OPC-2254
コントローラと本体接続ケーブル（5.0m）

写真2-35　延長ケーブル

1 UT-133
本体内蔵用Bluetoothユニット

2 VS-3
Bluetoothヘッドセット（UT-133を内蔵して使用）

写真2-36　Bluetooth関係オプション

セパレート・ケーブルでは接続できないときや，マイクロホンが直接接続できないときに延長ケーブルを使用します（**写真2-35**）．

- ID-5100用
 (1) OPC-1156：コントローラと本体接続ケーブル延長用（3.5m）
 (2) OPC-440：マイクロホン延長ケーブル（5.0m）
　　OPC-647：マイクロホン延長ケーブル（2.5m）
- IC-7100用
 (3) OPC-2253：コントローラと本体接続ケーブル（3.5m）
　　OPC-2254：コントローラと本体接続ケーブル（5.0m）

● ID-5100用Bluetooth関係

ID-5100はBluetoothが使えます．その対応ユニットです（**写真36**）．
(1) UT-133：本体内蔵用Bluetoothユニット
(2) VS-3：Bluetoothヘッドセット（UT-133を内蔵して使用）

固定機

IC-9100用のオプションです（**写真2-37**）．IC-9100はマイクロホンが付属してないため，オプション購入が必須になります．
(1) UX-9100：1200MHz帯用のバンド・ユニット
(2) HM-36：ハンド・マイクロホン
(3) SM-30：スタンド・マイクロホン（コンデンサ型）
(4) SM-50：スタンド・マイクロホン（ダイナミック型）
(5) SP-23：外部スピーカ（オーディオ・フィルタ内蔵）

そのほかのオプション

設定するときに必要なものや共通オプションを紹介します（**写真2-38**）．

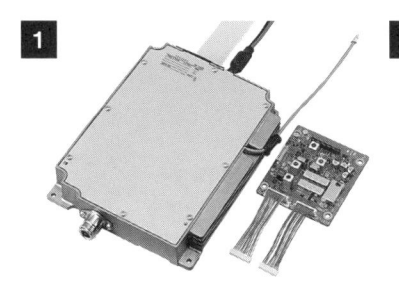

第2章　D-STAR無線機使いこなしガイド

1 UX-9100
1200MHz帯用のバンド・ユニット

2 HM-36
ハンド・マイクロホン

3 SM-30
スタンド・マイクロホン（コンデンサ型）

4 SM-50
スタンド・マイクロホン（ダイナミック型）

5 SP-23
外部スピーカ（オーディオ・フィルタ内蔵）

写真2-37　固定機IC-9100用のオプション

1 OPC-2350LU
画像伝送（ID-800とID-92を除く全機種）やIC-9100とIC-7100以外の機種をパソコンと接続して設定（クローニング）するときに使用するケーブル

2 SP-35
外部スピーカ

写真2-38　そのほかのオプション

(1) **OPC-2350LU**：画像伝送（ID-800とID-92を除く全機種）やIC-9100とIC-7100以外の機種をパソコンと接続して設定（クローニング）するときに使用するケーブル

なお，ID-800とID-92には変換が必要になります（**図1-21**）.

OPC-2350LUは，パソコンに接続するケーブルとスマホやタブレットに接続するケーブルの2本がセットになっています．このケーブルがあればすべての機種で画像伝送用に使用でき，ID-31，ID-51，ID-5100の設定用ケーブルとしても使えます．

IC-7100は付属，IC-9100は市販のケーブル（USB A-Bタイプ）を使用します．

設定ソフトは，ID-31,ID-51,ID-5100は付属品になっていますが，IC-7100とIC-9100はオプション（別売）です．

(2) **SP-35**：外部スピーカ

D-STAR通信がすぐわかる本 | 91

第3章
D-STAR運用を楽しもう

3-1 ハンディ機で楽しむD-STAR　　　　　JS1FRD
**　　　東京－福岡 新幹線アクセス情報付き　　金子 良幸**

常置場所でも移動でもハンディ機でD-STAR

　昭和60年3月に開局しアマチュア無線は10年で一旦休止しました．ID-91の購入をきっかけに平成21年1月に旧コールサインで復活しました．D-STAR開始後の約2年は，昔馴染みのローカル局と，レピータとシンプレックスでの低頻度の交信が続いていました．ID-91の設定はすべて手入力で苦労続きでした．

　その後，たまたま受信していたD-STARレピータで，昭和60年の開局当時にお世話になっていましたローカル局との十数年ぶりの偶然の交信とD-STARの師匠との出会いが，以後の私のD-STARの楽しみ方を変えていただくことになりました．アマチュア無線を始めたころと現在ではほぼ変わらない私のスタイルは，常置場所や移動中でもハンディ機での運用が主です．現在の私のD-STARの楽しみは，ハンディ機で「いつでも，どこでも」気軽に運用し，場面ごとにメッセージを変えることです．

　終業後の自宅へ向けて乗車している山手線内回り電車で「^_^ヤマノテセン_ウチマワリ1912G」などのメッセージを送信することもあります．東京電機大学レ

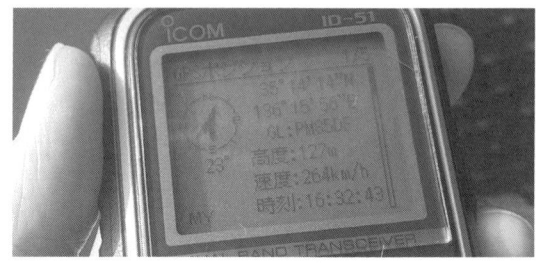

写真3-1　ID-51内蔵のGPSレシーバは新幹線の座席でも動作し，データを表示してくれる

ピータのロケーションが良いこともあり，少々お恥ずかしい話ですが，ときには帰宅ラッシュ時間帯の池袋駅山手線ホームから運用し注目を浴びることもあります(笑)．

　東京23区周辺レピータの設置数の多さもあり，帰宅時には6か所のレピータ(品川・日本橋・東京電機大学・秋葉原・巣鴨・西東京)を順次QSYしてゆきます(**図3-1**)．また，1エリアDVモード・シンプレックス・ロールコール(1DVRC)へのチェックインの目的と，ID-51の登場が私を山へ導くきっかけにもなりました(**図3-2**)．

「^_^ フジノミヤ5>>ホウエイザン」
「^_^ ホウエイザン・2693m」

などのメッセージとともに，皇太子様が富士登山の際に通られた"プリンス・ルート"での自身初の単独山行しました．2エリア・レピータ(静岡・浜

第3章　D-STAR運用を楽しもう

図3-1　帰宅ルートとレピータへのアクセス

図3-2　富士山プリンス・ルートの軌跡

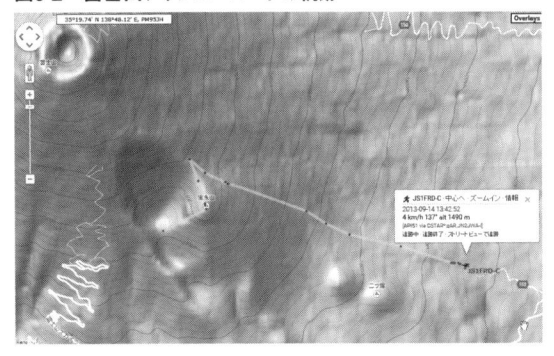

図3-3　富士登山で使用したGPSメモリ

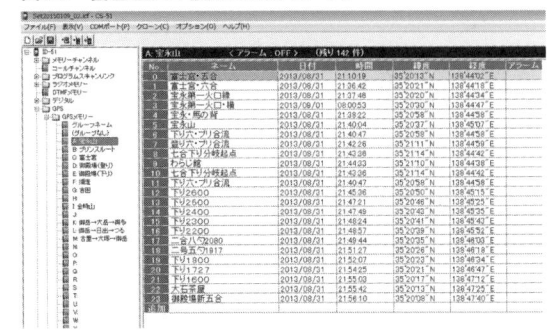

図3-4　メッセージはフルに登録しておき活用する

松・伊豆の国など）と1エリア・レピータ（東京電機大学・川越など）を地点ごとにQSYするとともに，ID-51のGPSメモリ機能に書き込んだ位置情報で，次のポイントまでの距離を確認しています（**図3-3**）．ID-51の運用中は，常にGPSと自動応答が設定されていますので，遭難防止策にもなっています（写真3-1）．

D-STARの簡易メッセージ送信機能を使わない手はありません．運用状態を知らせることも．

「^_^スカイツリー カイロウ450mH」

「^_^ サンシャイン／カイバツ251m」

「^_^セイブ 0134レ・NRAコイド」

など移動ごとにメッセージを変えているので，これまでに使用したメッセージは50パターンほどになりました．

「トウキョウ ネリマク゛゜b(^_^,」のように，必ず顔文字を基本にメッセージを組み立てますが，顔文字・カタカナ・英文字・記号などをバランス良く配置するため，わずか20文字のメッセージでも，1パターンの作成で1時間ほどかかることもあります．わずか1時間の間に3～4回のメッセージの変更と，手作業による書き換えも…（**図3-4**）．

更新頻度が低いですが，ブログ（gooブログ「今日の収穫／無線・写真・登山」で検索してください）に，山からの運用，新幹線D-STAR局の追っかけ，メッセージの例などを掲載しています．

新幹線でD-STAR

今年（2015年）1月からカウントすること，福岡出張はこれで11往復．5月13日のJAL332便は台風の影響を警戒して5月28日のJAL313便にすり替

え，5月14日はJR東海エクスプレス予約で博多からの新幹線でのお帰りです．モバイルSuica+エクスプレス予約の組み合わせは便利です．ICご利用票が小さくて扱いやすいのは良いのですが，東海道区間の車内検札がまだ残っているのは時代遅れな気もします．

新幹線でD-STARの第4弾と言いながらブログ上は第2弾．今まではローカル局が乗車された新幹線をD-STARで追いかけていましたが，今回ようやく私の出番が参りましたので，博多から東京までのD-STARレピータのアクセス状況をレポートします（**図3-5**）．

博多→小倉

博多発着では昭和60年6月以来2度目の乗車となる山陽新幹線．まずは「みずほ600号」からID-51のメッセージを
「^_^ シンカンセン_ミズホ・600A」
に設定です．

レピータは福岡のみ．JR鹿児島本線・福北ゆたか線の吉塚駅を通過したあたりからアクセスしやすくなるのは，以前にもブログに書きました．

今回，相対するは在来線でなく新幹線．運転席に表示されるATCの信号は次々に速度表示が上がっていくようで，みずほ号ですと加速の中断もなく，あっという間に福岡レピータのエリアから外れてしまいそうです．

GPSは博多駅のホームに入る前に受信状態にしないと小倉まで起動しない可能性もあります．シリコン・カバーをご使用の方は少しでもGPS受信感度アップのため，博多駅発車前に外すことをお忘れなく．

博多駅周辺ではハンディ機でのレピータ・アク

図3-5 博多→東京のD-PRSルート

セスはちょっと難関です．福岡出張の際には筑紫口至近距離のホテルを定宿に，新幹線沿いの客室を指定しています．この部屋はJR博多シティビルの反射を使いレピータがアクセス可能です．

福岡レピータ以降は本州までレピータがないのは残念（**写真3-2**）です．小倉駅周辺に関門海峡対岸の山口県下関市もアクセスできるレピータがあれば，さらに楽しくなるでしょう．

小倉→広島

新関門トンネルで本州突入後，防府・周防大島・岩国のレピータがありますが，アクセスできたのは防府のみ（**写真3-3**）．レピータまでの最接近距離は防府で2.9km，周防大島の18km，岩国6.3kmです（最寄りレピータ検索のタイミングでの計測なので，この数値が最小値とは限りません）．

防府レピータは運用ログに残りましたが，周防大島・岩国はアクセスできず．岩国は6.3kmまで接近するもトンネルに阻まれる結果となり，全容は今のところ不明です．周南市（徳山）に予定されているレピータが開局すれば，山口県内で2局アクセスできそうです．山陽本線の117系電車（京阪神の新快速で走っていた車両）と厚狭（？）の気動車群で，国鉄色の多さに感動．次はぜひ写真撮影も合わせて行いたいですね．ところどころに鉄道車両の形式が出てきますが，私は鉄道趣味もあ

第3章　D-STAR運用を楽しもう

るので，鉄道趣味＋アマチュア無線＝「鉄道でもD-STAR」を楽しんでいます．

広島→岡山

　広島レピータで本州最初の好アクセスを期待しましたが….

　広島駅に近いトンネルに入る手前まで距離が短くなり，最短で3.4kmまで接近．しかしトンネルを出たところからレピータとの距離が遠ざかり，左は山でしたのでレピータとの最接近はトンネル内とみられます．広島レピータは右後方の山影なのだろうと推測しました．その結果はこの日の14：00以降に秋葉原の某○○水産（有給休暇で無線を満喫しながら博多から東京に帰還）でアイボールした方に推測どおりの答えを頂戴しました．広島駅発車後のレピータから10km程度離れた広島市東区役所の先で若干メリット上がるも，決定的なものにならず．レピータは右後方なのでA席（海側・進行方向右の窓側）で高利得の空中線といきたいところですが，JR西日本の500系・700系（レールスター），JR九州のN700系[※]でない限りはA席に座ることはなさそうです．

　福岡⇔広島と同様に対新幹線でのレピータの間隔は長く，広島⇔倉敷のレピータの間隔は最寄りレピータ検索の結果を単純に数値で表すと130km．尾道あたりにレピータがあると，しまなみ海道でのアクセスにも良さそうですね．広島レピータのロケーション・アップもぜひお願いしたいところです．最寄りレピータ検索で候補に5エリア（松山・高松）が登場しますが，山上なら間違

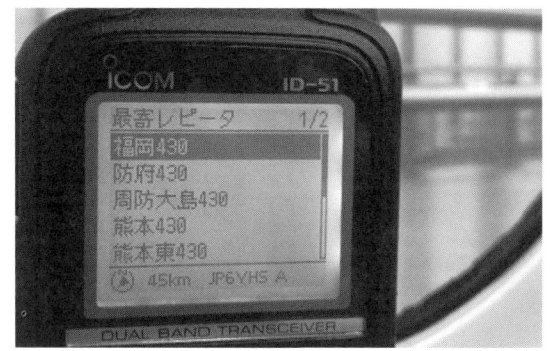

写真3-2　小倉駅で最寄レピータを確認．5月28日のぞみ62号（博多→姫路間乗車）の車内で撮影

写真3-3　防府市付近を293km/hで東に走行中．5月28日のぞみ62号（博多→姫路間乗車）の車内で撮影

いなくアクセスできる距離（45～55km）でも，さすがに新幹線からはアクセス不可能なレピータです．

　ようやく次のレピータのある岡山県に入り，倉敷レピータのアクセス範囲へ．レピータから18km付近からアクセスでき始め，13km付近でメリット上昇．最接近距離は11kmですので，A席なら岡山まで粘れるでしょう．

　昭和63年1月以来の岡山駅で213系電車（当時は瀬戸大橋を渡る本四備讃線の快速電車の車両）を発見．旧国鉄色（オレンジ色）のキハ40形気動車が何両も留置されていたのはうれしいことです．

[※]東海道・山陽新幹線の16両編成の車両は，博多に向かって左側からABC（通路）DEの5席の並び．山陽・九州新幹線の8両編成はAB（通路）CDの4席の並びでゆったり．窮屈な5列シートではA席ではなくE席（山側・進行方向左側の窓側）を指定．ちなみに九州－関西間は通路を挟んで2席2席の4列シートの新幹線に人気があり，旅客機は減便傾向です．

岡山→新神戸

　JR赤穂線の播州赤穂付近と山陽本線の相生付近からアクセスを期待すると，相生手前の姫路奥山レピータまでの距離29km付近でS9．しかし姫路はノーメリット．姫路は西に対して奥山よりエリアが狭く，東は奥山とさほど変わらず．総体的に姫路のアクセス・エリアが狭いことを確認しました．新幹線からは姫路奥山に資源集中をするのが良いですね．

　ちょっと欲を出して六甲南を確認してみることに．レピータから30km離れた所からアクセス可能であることは確認．兵庫県加古郡播磨町付近からは十分なくらいの状況．あっという間に六甲のトンネル群に突入するので，西明石付近までに抑えるようにしてください．新神戸駅構内では，六甲南はアクセスできず．駅の外ならいいのでしょうか？

新神戸→新大阪

　六甲のトンネル群を出て左斜めに航空機の離着陸（伊丹空港）が見えれば，そこはまさしく池田レピータのアクセス・エリア．新幹線から見て左（宝塚方面）に向かって航空機が離陸してゆけば，離陸したあたりからもう少し左に向くと，阪急宝塚線の石橋・池田駅付近のレピータ設置場所の周辺となりますので，見通し距離範囲内です．

　ここから新大阪発車後までしばらくの間は，池田に限定するのが手堅く運用するというコツは，今までいただいた情報と今日の実績の総合計になります．新大阪寄りの最後のトンネルを出たところで，池田レピータまで11km．A席であれば生駒山でも良いと思われます．

新大阪→京都

　新大阪で終点の「みずほ600号」から「のぞみ222号」へ乗り換え．ID-51のメッセージを
「^_^ シンカンセン ノゾミ・222A」
に変更．ここからは池田・生駒山・京田辺・比叡山のレピータを組み合わせるとなんとかつながりそうですが，京都まで14分程度ですので池田と比叡山に注力(?)していいかもしれません．

　新大阪発車3分後に柏原レピータが入ってきましたが，E席では生駒山レピータ同様にエラーになる確率は高いです．大阪中央・谷町・天王寺・日本橋・寝屋川・堺・阪南の各レピータはあきらめましょう．京田辺レピータのピークは進行左手に「椿本チエイン」なる会社が見えたあたりです．

　「まもなく京都です…」のアナウンスで河原町レピータの受信可能エリアに．ただし，進行方向左手のJR京都線西大路駅の先（京都駅寄り）までは弱く，嵐山のほうがやや強いのが実感です．京都駅停車中には，河原町はほぼ望めません．中央口（京都タワー側）の駅ビルと周辺のビルが壁になるとのことです．

京都→名古屋

　ここから先は意外と難所．山科・関ヶ原と難敵です．山科トンネルを挟んでいずれも比叡山レピータ．琵琶湖と新幹線の距離が開きますので，レピータは比叡山から守山にQSY．守山レピータとの最短距離が10km付近の新幹線保線基地あたりが守山のピークでしょう．この後，再び琵琶湖が寄ってくるので彦根付近からは再度比叡山レピータ．彦根・米原は新幹線のアルミ合金車体と小さい窓がネックとなるため，ここでも高利得の空中

線で勝負したいところです．米原まで比叡山レピータを追い続けると，関ヶ原でのひと休憩の時間が少なくなるため深追いは禁物．以前に比べ関ヶ原越えの時間が短縮されたような気がします．

彦根辺りの手前でたまたま左下を向くと，近江鉄道を走る元西武鉄道の車両を発見．西武池袋線からはすでに引退していますので懐かしくも思える感触です．ちなみに私の常置場所は，西武池袋線沿線です．今日は岐阜羽島付近の岐南レピータが弱かったような気がしますがいかに．新幹線からのアクセスでは愛知県下で強い岐阜県のレピータなので岐阜羽島通過の先，木曽川付近から一気にメリットが良くなるはずです．木曽川を越えるとそこは愛知県．名古屋駅構内はいろいろと悩まされた結果，弥富レピータがS9なので停車中の短時間でいけるでしょう．

名古屋→新横浜

イメージ的には日進レピータのエリアが広いようです．あちらこちらとQSYしてしまいましたので，名古屋周辺の決定打は打てず．西尾レピータはゲートが×のためかRPT?でゲート越えできずでしたが，Sは強いので次回以降のお楽しみにしましょう．幸田レピータもSは強いのですが，ゲートが×のためか，RPT?で残念賞でした．この区間の新幹線の速度が上がったと思うのは私だけでしょうか．名古屋市から額田郡幸田町までこんなに早かったかと．2015年3月14日のJRダイヤ改正で東海道新幹線の最高速度が引き上げられましたが，どこで最高速度が上がったのはわかりません．

西尾・幸田がアウトでしたら豊橋の先で浜松レピータのロケーションが開けますので少々の我慢です．浜松のピークは天竜川を越えた先のレピータまで6.1kmのところ．掛川の先まで受信可能です．牧之原レピータはゲート越え×．よって静岡空港の先，島田レピータまでお待ちください．今回は島田もゲートが×のためかRPT?でした．

焼津レピータへ移るも島田市内ではS弱し．Sが上がったところで焼津のアクセス・エリアの端まで時間がないので，気を抜いた時点でアクセス失敗の敗戦が確定します．島田〜焼津のアクセス可能時間は3分30秒に満たないので，最寄りレピータ検索で「島田←（同一距離）→焼津」となれば，即焼津でアクセスしてみてください．

「焼津さかなセンター」の位置を事前に把握することが勝機となりますが，焼津さかなセンターは見つけづらいでしょう．東名高速日本坂PA（パーキングエリア）なら見つけやすいかもしれませんが，日本坂PAが見えた時点でレピータ・アクセスもほぼ終了です．焼津の端に寄った時点でトンネル（東名高速ではトンネル火災で有名な日本坂トンネル）に入るので，トンネルを出るまで静岡でご待機を．

静岡レピータは，安倍川越えで躊躇せずアクセスしましょう．静岡は静岡駅をピークにロケーションは悪化．東海道本線東静岡駅付近から先は好転せず，旧清水市内もハンディ機では難しい状況です．このまま，富士市内からアクセス可能な伊豆の国レピータまでお待ちください．

とはいうものの，安倍川と同様に富士川を見落とした時点で，島田から伊豆の国までのアクセス失敗の四連敗が確定するので，決してトイレには行かずトンネル内でも必ず窓の外を覗いていてください．慣れてくると，新幹線に乗車している側も新幹線を呼び出す側も，新富士通過のタイミングが読めるようになります．

ここでロングQSOになるとあっという間に線路

は切り通しでロケーションの悪い区間に引き込まれて，伊豆の国は不安定となりますので，できる限り2分で終了しましょう．ロングQSOを望む方はやはり高利得の空中線＆A席(海側)で．私個人もそうですし，ブログ第一弾のときにご乗車いただきました方も，A席は選択無用の座席となっています．富士山が愛鷹山の陰に隠れた時点で裾野レピータへQSY．しかし，御殿場線との交差地点のわずか一地点がアクセスの鍵です．裾野市内でもハンディ機ではアクセス不能となる箇所[確認できているのは裾野運動公園周辺の一部：GW(ゲートウェイではありません)にリニューアルの滑り台を子供と滑りました]があるので，非常に難しいレピータです．これから先は湘南平を越えた平塚市内までしばしお待ちを．どうしても我慢ができないのであれば小田原の先，鴨宮付近の小田原ダイナシティ(東京に向かって進行左手)辺りで湘南工科大学レピータを一発勝負．中井町のロケーションの悪そうなあたりでアクセス可能なので，ポイントは丹沢反射ではないかと勝手な想像をしていますが，小田原厚木道路に隠れているJR東日本国府津車両センター(御殿場線と交差した所の左側にあり)付近は×．そこから先はトンネルの連続ですので，湘南平を越えるまでは休憩です．トンネルを出たのち湘南工科大学に気を取られすぎて相模川を越えてしまうと，海老名レピータのアクセス・ポイントを逃してしまい，新横浜までだるま状態ですので，相模川橋梁上で海老名へQSYしましょう．

新横浜→品川

新横浜停車中の13〜14号車付近であれば，建物の隙間を抜けて青葉レピータがOK．安定をご要望でしたら港北レピータに．日吉付近のトンネルの連続を過ぎ，多摩川まで港北となりますので，青葉はアクセス確認のみに限定を．

多摩川を渡り東京都内に入ると横須賀線との平行区間は切り通しの中を走行し，良いレピータもないので大田区馬込の環七交差地点(都営地下鉄浅草線馬込駅上)から先の横須賀線との二層構造区間で品川レピータをお試しください．

品川→東京

とりあえず日本橋レピータ．ぐっとお待ちいただき浜松町辺りでちょっとアクセスします．山手線なら新橋から東京電機大学レピータのアクセス・エリアですが，新幹線なら有楽町からエリアへ．しかし山手線ほど期待できないので浜町レピータへ．確実視するなら，日本橋→浜町の選択となるでしょう．

福岡－東京 新幹線 D-STARアクセス座席選び

福岡市→東京23区で1日のレピータ・アクセス・ゲート越え数＝31か所(RPT?を入れれば34か所)．

交信成立を条件とした場合は，福岡・倉敷・姫路奥山・六甲南・池田・嵐山・比叡山・守山・岐南・弥富・日進・浜松・島田・焼津・静岡・伊豆の国・海老名・港北・日本橋・浜町となるのは間違いありませんので，延べ20レピータ(**表3-1**)です．これはあくまでE席(山側・進行方向左側の窓側)からが条件です．最近の新幹線は窓が小さいので，車内から電波が飛びづらくなっています．

今回は，私の趣味が入り「みずほ」と「のぞみ」の二列車にしましたが，どなたか博多から「のぞみ」で東京まで一列車連続運用をお願いします．

● **新幹線に乗車の人を追いかけるときは？**

APRS＋D-STARログ＋JRサイバーステーション

第3章　D-STAR運用を楽しもう

表3-1　博多→東京間の新幹線座席からのD-STARレピータ・アクセス局

列車名：600A，みずほ600号

駅名	到着	出発	時刻	使用レピータ	
博多		8:17	8:19	JP6YHS A	福岡430
小倉	8:33	8:34			
新下関	レ	レ			
厚狭	レ	レ			
新山口	レ	レ	8:33	JR4WY A	防府430
徳山	レ	レ			
新岩国	レ	レ	9:19	JP4YDU A	広島430
			9:21		
広島	9:20	9:21			
東広島	レ	レ			
三原	レ	レ			
新尾道	レ	レ			
福山	レ	レ	9:40	JP4YDV A	倉敷430
新倉敷	レ	レ	9:42	JP4YDV A	倉敷430
			9:47	JP4YDV A	倉敷430
岡山	9:56	9:57	9:40	JP4YDV A	倉敷430
相生	レ	レ	10:10	JP3YCO A	姫路奥山430
			10:13		
姫路	レ	レ	10:15	JP3YIG A	姫路430
西明石	レ	レ	10:15	JR3VK A	六甲南430
			10:17		
新神戸	10:29	10:29	10:35	JP3YDH A	池田430
			10:37	JP3YHJ A	生駒430
			10:39	JP3YDH A	池田430
新大阪	10:42				
新大阪駅ホーム			10:45	JP3YDH A	池田430

列車名：222A，のぞみ222号

駅名	到着	出発	時刻	使用レピータ	
新大阪		10:50	10:50	JP3YCS A	京都比叡山430
			10:52		
			10:55	JP3YDH A	池田430
			11:01	JP3YIP A	京都中京430
			11:02	JP3YHV A	嵐山430
			11:04	JP3YCS A	京都比叡山430
京都	11:04	11:05	11:05	JP3YIP A	京都中京430
			11:10	JP3YCS A	京都比叡山430
			11:11	JR3WZ A	滋賀守山430
			11:16	JP3YCS A	京都比叡山430
			11:19		
			11:22		
米原	レ	レ			
岐阜羽島	レ	レ	11:33	JP2YHB A	岐南430
			11:37	JP2YGK A	春日井430
			11:38	JP2YGI A	名古屋大学430
名古屋	11:41	11:42	11:39	JP2YHG A	弥富430
三河安城	レ	レ	11:52	JR2VK A	愛知日進430
豊橋	レ	レ	12:08	JP2YHD A	浜松430
浜松	レ	レ			
掛川	レ	レ	12:21	JP2YHF A	焼津430
			12:22		
静岡	レ	レ	12:28	JP2YGY A	静岡430
			12:28		
			12:31		
			12:46		
新富士	レ	レ	12:47	JP2YHC A	伊豆の国430
			12:50		
			12:40	JP2YHA A	裾野430
三島	レ	レ			
熱海	レ	レ			
小田原	レ	レ	12:51	JP1YJV A	湘南工科大学430
			12:54		
			12:56		
			12:56	JP1YJX A	海老名430
			13:04	JP1YKS A	横浜青葉430
			13:05	JP1YJY A	横浜港北430
新横浜	13:04	13:05	13:06	JP1YKS A	横浜青葉430
			13:09	JP1YJY A	横浜港北430
			13:13	JP1YLK A	品川430
			13:13		
品川	13:16	13:17	13:18	JR1VM A	東京日本橋430
			13:18		
			13:19	JP1YIU A	浜町430
			13:22	JP1YDG A	東京電機大学430
東京	13:23				

の運転状況で当該車輌を確認できます．GPSデータがゲートを越えなくても，コールサインがサーバに到達すればログは残ります．しかし，レピータにアクセスできなくてもJRサイバーステーションで新幹線電車を個別に追うと，ザックリですが運転区間がわかります．適度に更新(F5)を活用すると，次の駅通過が確認できます．

APRSの地図に表示される位置情報は，だいたい10秒前の位置情報です．東海道・山陽新幹線の最高速度(270・285・300km/h)で走行していると12〜13秒で1kmを通過しますので，表示されたときには1kmほど先を走行しています．

3-2　モービルで楽しむD-STAR

7M3QXW
依田 康義

　私のモービルでの運用は，以前はアナログ・レピータやHFなどの運用が主だったのですが，いまではD-STARの運用が大半をしめています(**写真3-4**)．とにかく，ノイズがなく音声がきれいなことがお気に入りです．

　HFのように大きな設備が必要なく，ハンディ機でも世界中と交信ができます．コンディションの影響も受けることなく，いつでも安定した交信ができます．ただし，良いことばかりではありません．関東から東名高速と中京から名神高速，そして関西地区ではレピータが整備されており状況が良いのですが，地方に行くとなかなかレピータが少なく交信不能地域があります．

　アナログ・レピータとの違いは，送信時にコールサインや文字通信でメッセージが送れることですね．

　これにより，無線機に相手局のコールサインが表示されるので，コールサインの間違いがなくなりました．

　ほかにD-STARの良いところは，ゲートウェイ通信を使って移動先から知り合いの局を呼び出して交信ができること．

　430MHzレピータから1200MHzのレピータに接続することも可能なことや，世界中とでも交信できることです．

　前にも述べたとおりに，レピータにアクセスす

写真3-4　モービル・シャックのメインはIC-7100MとID-5100D

写真3-5　モービル中でもハンディ機は常備

D-STAR通信がすぐわかる本

第3章　D-STAR運用を楽しもう

ればハンディ機1台でどことでもつながります（**写真3-5**）．D-STARは操作性が良く簡単に運用ができ，さらに便利なシステムとして，どこのレピータを聞いているかわからない局をコールサイン指定呼び出しで見つけることも可能です．

IC-2820や最近のハンディ機とモービル機に標準装備のGPSで位置情報を出して，I-GATE局に位置情報を拾ってもらって自分の軌跡をGoogleマップ上に載せて居場所を知らせたりしています．GPSが装備されていない機種は自作のGPSレシーバを接続しています．D-STAR機のGPS機能は簡単にセットできますし機能もずいぶん充実してきましたので，もっと位置情報を活用したいと思っています（**写真3-6**）．

写真3-7　シンプレックスでも運用

レピータ局数がかなり増えてきたので便利になってきたこともあり，D-STARはどうしてもレピータありきになりがちです．しかし，29MHz，50MHz，144MHzでもDVモードでの運用ができますので，430MHzを含めレピータに頼らなくてもシンプレックスでもD-STARは楽しめます（**写真3-7**）．D-STARユーザーも増えてきたことと，JARL推奨の呼出周波数も指定されたため，近い将来アナログようにシンプレックスの運用が可能になるでしょう．

近所にOMさんがいるので，たまに430MHzのシンプレックスでのんびり話をしています．交信相手に電波が直接届くときは，レピータは必要ないわけですので．また，1エリアでは定期的にシンプレックス・ロールコールも開催されているので，チェックインするときもあります．直接波で何局もワッチすることができますので，レピータとは違う楽しさがあります．

D-STARは，これからさらに楽しくなるデジタル通信になるでしょう．

写真3-6　自作したGPSレシーバ

D-STAR通信がすぐわかる本 | 101

3-3　固定で楽しむD-STAR

JM1WQF
内田 英雄

初めてD-STARを運用したのはID-92でした．最初はD-STARというよりもリグの使い方がわからず苦労しました．クラブ・ミーティングの都度に勉強会を行って，D-STARをよく知っている局からリグの設定やレピータのアクセス方法などを教えてもらいました．

その当時，ID-92でアクセスできるレピータは江東レピータと浜町レピータがありましたが，一緒に始めた砂町クラブのメンバーとの交信はほとんどの局がID-92では直接届かないため，地元江東区ということもあって江東レピータを使用していました（現在，江東レピータは江戸川区に移設になって江戸川レピータになっています）．

次に使用した機種はローカル局から譲ってもらったID-800で，ローカル局はIC-2820Gを使っていました．これをきっかけに自宅屋上にアンテナを増設して本格的に運用を開始しました．このころのリグはDR機能がなく使用するレピータをメモリに入れておく必要があったため，クラブ・ミーティングのときにメモリを更新してもらっていました．

ローカル局とは144MHzのFMで交信することが多かったのですが，徐々にD-STARの電波を出せるローカル局が増えてきて，D-STARの交信が増えるようになりました．しかし，まだ慣れてな

写真3-8　D-STAR無線機がメインのシャック

写真3-9　D-STARをいつでもワッチできるように居間にも無線機を設置

いこともあってゲート越えでなく山かけ交信がほとんどでした．

本格的に運用を始めるようになったのは，ID-31を使い始めたときからです．操作が簡単でゲート越えの設定も楽になりました．家からとモービルからもID-31を使っていましたが，モービルではパワーと運転中の操作が不便のためモービル用にはIC-7100を取り付けました．

そうしているうちにID-5100が発売になったため，モービルはID-5100に変更して，IC-7100はシ

写真3-10　東京スカイツリーも見えるロケーション

写真3-11　GPアンテナを主体に運用

第3章　D-STAR運用を楽しもう

ャックに常駐することになりました．このあたりから，私のD-STAR運用はID-800とハンディ機しかなかったシャックから，IC-7100で劇的に変化しました．操作性が良いことから，ますますD-STAR運用がメインになりました．D-STARを始めたころより，私の家からアクセスできるレピータがかなり増えこともあって，アクセスできるレピータの数以上にリグが増えてしまいました（**写真3-8**）．

シャックだけでなく，居間にもリグを置いています（**写真3-9**）．大げさですが，家にいるときは寝ているとき以外はD-STARをワッチしている状態です．固定用としてIC-7100をメインに使用しているため，ほかのリグはワッチ用になっていますが，各レピータで交信したい局が聞こえたときは操作が簡単なIC-7100の設定をそのレピータに合わせて，無駄なゲート越え交信はしないでなるべく山かけで交信するようにしています．

リグが増えると同じくアンテナも増えてしまいました．アンテナは2段GPと3段GPが各2本，7MHz用ダイポールと21MHz用逆Vを設置しています．アンテナの先には東京スカイツリーも見え，天気が良ければ富士山も見えるくらい，かなり条件は恵まれています．地上高は15mくらいですが，海抜が低い（マイナス）ので少々目減りしています（**写真3-10**，**写真3-11**）．

近くのレピータはハンディ機本体のホイップが基本ですが，固定機やモービル機とハンディ・ホイップでは聞こえないレピータ用に外部アンテナを接続しています．GPS機能も使うようになりました．GPSを出しているローカル局が移動しているときは，シャックにあるパソコンで地図を見て相手局を確認して効率的に呼び出せます．逆に私

写真3-12　D-STAR用アンテナがどんどん増殖中

のもう一つの趣味の写真撮影に出かけたときも，車のID-5100からGPSを出して場所を確認してもらえるようになりました．

最近は海外局との交信もできるようになったため，距離の確認もでき8千何百kmなどと表示されると隣に置いてあるHF機とは違った距離間を味わっています．

私の場合はアンテナが立てやすい環境もあって家から山かけQSOが20局もできるため，地方では考えられないほど恵まれています．関東はレピータが多いため贅沢なD-STARの使い方をしていると思っています（**写真3-12**）．

D-STARはレピータにアクセスできればゲート越えで遠くの局と交信できるので十分楽しめますが，これからは全国的にD-STARレピータがますます増えれば，もっともっと使い勝手が良くなるのではと思います．ちなみに，IC-7100はD-STAR専用機として使っています．

D-STAR通信がすぐわかる本 | 103

3-4 レピータ局を設置する
埼玉県・堂平山 D-STARレピータ

JP1EED
小笠原 朗

2012年12月16日，堂平山(どうだいらさん)レピータが開局しました．埼玉県比企郡ときがわ町にある堂平山は，1エリアでは移動運用の聖地ともいえる場所で休日やコンテストの時などは必ず運用局があり，標高は876mあります．レピータの設置場所は，ときがわ町の管理施設の堂平天文台「星と緑の創造センター」の敷地内で標高は約850mです．

きっかけ

きっかけは単純な発想でした．2011年11月某日，埼玉県初の入間レピータ(JP1YKG)のアンテナ工事が終わった後，7M3QXW 依田さんと「埼玉県にも広域レピータが欲しいね」という話になりました．御岳山，飯能市高山，堂平山と3か所の候補が挙がったのですが，御岳山は東京都にあるので飯能市高山かときがわ町の堂平山に絞り，とりあえず堂平山へ行って見ることに．現地に着いて景色を見ると，移動運用でも実績がある場所でもあり，言葉を交わさなくても，お互い「ココ良いね」と思っていることがわかるくらいでした(**写真3-13，写真3-14**)．

ときがわ町と交渉

レピータを設置すると言っても土地の所有者と交渉しなければなりません．調べてみると所有者は「ときがわ町」でした(**写真3-15**)．何もなしでしかも飛び込みでは話も聞いてくれないだろうと二人で作戦会議の結果，交渉するための資料を作ることにしました．まずは資料集めのため，ICOMのWebページやJARLのWebページなどを参考に資料集めを開始．集めた資料の中には，忘れもしない2011年3月11日の東日本大震災のときの新聞記事も．当時，アマチュア無線が見直されたこともお話して，ときがわ町と交渉しようと考えました．資料が完成したのは12月も半ばに差しかかったころだったので，年末の忙しい時期をずらして交渉は年明けに行くことにしました．事前にときがわ町役場に電話連絡をして約束した時間に役場へ．まずは挨拶をしてから作成した資料(**写真3-16**)を元に話を進めるのですが，アマチュア無線を理解していない担当の方にレピータだのD-STARだのを説明しても，理解に苦しんでいる

写真3-13 堂平山からの眺め
移動運用地としても実績があるのが一瞬でわかる，関東一円が見渡せる絶好のロケーション

写真3-14 山頂スペースはよく整備されており，電力，D-STARレピータに欠かせないインターネット接続などにも問題はない環境だった

第3章　D-STAR運用を楽しもう

◀写真3-15
堂平山山頂付近は天文台を含めたいろいろな施設があり，D-STARレピータ設置希望場所はときがわ町が所有・管理していた

▼写真3-16
D-STARレピータの公共性と災害時，非常時などの通信網確保として有効なことを説明する資料を揃えた

写真3-17　交渉の末，ログハウス付近の場所を貸していただくことができた

◀写真3-18
レピータ機材を収納する局舎となる物置を決定

写真3-19　設置場所周囲の環境もきちんと整備する

ようす．自分が集めた資料はかなりページ数があったので，一度に説明してもしかたないと思って「電気・インターネット代は管理団体で負担する」，「有事の際には非常通信ができます」を強調して役場を後にしました．

役場からの返事

役場の担当の方に説明してから約3か月．忘れているのでは？　と思い，役場に電話をしたら，あっさりとOKの返事．「やった！！」と声が出そうになるのを抑え，次のアポを取り防災課の担当者と会うことになりました．場所を貸してもらえることで（**写真3-17**），ときがわ町に何か協力したいと考えていました．その一つとして防災課の担当者との話の中で，開局した後に防災協定を結ぶことになりました．これでレピータの設置場所の確保ができたため，開局に向けて"彩の国，埼玉"の広域レピータ「彩の国堂平山レピータ」の準備開始となりました．

いよいよ工事開始

2012年8月，まずはレピータ機器を納めるための局舎となる入れ物から検討をはじめます．機器から発生する熱のこもりと将来の増設を考えて少し大きめな3枚扉の物置に決定（**写真3-18**）．組み立てと同時に換気用ファンの取り付けと内部に断熱材取り付け，防水強化などの施工，局舎周囲の環境整備など，仕事が山積みです（**写真3-19**）．

D-STAR通信がすぐわかる本 | 105

◀写真3-20
苦労の末,通電が可能になった電気設備も設置完了

◀写真3-21
電気配線,アンテナ引き込みも本格的な工事を施す

9月に入り軽トラに積んで山に登り,まずは局舎工事から開始.9月から11月にかけて管理団体メンバーが交代で毎週のように山に登り,局舎工事や電気・ネット工事を行いました.標高850mという環境での雨風や夏の日差し,冬季は雪に耐えられるように,局舎を木材で塀のように囲い屋根も二重にして直射日光を遮り,土台も高くするなど大工事です.

役場には土地の貸借以外迷惑をかけないようにしようと思っていたのですが,電気工事で思わぬ落し穴が発覚.ここの施設は敷地内全体が高圧管理区域になっているため,個人名義の電線が引けないらしいのです.高圧管理者は,関東電気保安協会.さっそく出向いて担当者と話しをすると「役場の敷地内に自動販売機を置く感覚」で考えるとわかりやすいと言われ,役場の電気を分配してもらい自分たちで用意したメーター(積算電力計)を取り付けました(**写真3-20**).電気代は3か月に一度検針して役場に報告,役場から管理団体へ請求してもらい指定口座へ振込む形にしました.インターネット回線はNTTに光ファイバを引いてもらい,ほどなくネットも開通.このころにレピータ開設要望書も出来上がり,JARLへ提出しました.

10月末には,局舎を含めてすべて完了することができ,あとはレピータ開設の許可と免許を待つのみとなりました(**写真3-21**).同時に電気もネットも開通しているので,遊ばせておくのはもったいないということで,アンテナを建ててDVシンプレックスでDPRS I-GATE局を立ち上げました.すでにエリア調査は終わっていましたが,広域をカバーするレピータのため,エリア確認のため管理団体の母体のクラブ局無線機とコールサインで自動応答機能の運用も開始しました.

写真3-22 みんなでワイワイガヤガヤのパーティの準備.こんな大きなお鍋で煮込んだら,美味しいに決まっています!

お楽しみもあるんです

堂平山D-STARレピータ設置に向けて,山頂に集まっては工夫を重ねての各種工事の連続でしたが,時にはアマチュア無線ならではのお楽しみ,屋外でみんなが集まってのお楽しみも味わうことができました(**写真3-22**).アマチュア無線仲間の素晴らしさを実感できたレピータ設置工事期間でした.

第3章　D-STAR運用を楽しもう

免許，そして開局

　12月中旬に差しかかったころに待望のD-STARレピータの免許状が届きました．堂平山山頂の各施設が冬季閉鎖になる前にすべてを終わらせる必要があるため，免許状が届いて間髪入れずに管理団体メンバーを招集．レピータやゲートウェイ・サーバなどの機器は，11月にJARLの募集が出た時点で先行して準備をしていました．アンテナは，第一電波工業にお願いして430MHzと1200MHzをそれぞれレピータ周波数に調整して出荷してもらいました．JARLから周波数指定の連絡をもらってからのアンテナ調整のため，無理をお願いして短期間で対応してもらった第一電波工業さんに紙上を借りて感謝と御礼を申しあげます．

　作業は，配線とレピータおよびサーバの設定班とアンテナの設営班に別れ，早朝から開始．筆者は，設定など難しいことはできないので力仕事のアンテナ設営班です．アンテナ2本の設営も無事完了（**写真3-23**）．さすがに皆さん得意分野の作業のためか作業は順調に進み，昼すぎには作業が完了しました．まずは電気系統のテストから開始．無停電電源装置を取り付けてあるので，停電テストは良好に動作確認．次にダミー・ロードのままでレピータのテスト運用．430MHz DV，うまくゲートウェイも抜けていました．1200MHz DD，インターネットに接続できJARLの運用ログも確認できました．そしてアンテナを接続しての本番運用テストも問題なし．当日の作業者全員で記念写真を撮って，すべての作業が完了です（**写真3-24**）．構想から約1年1か月後の2012年12月16日，埼玉県で2番目のD-STARレピータ「彩の国堂平山レピータ」の開局となりました．

おわりに

　局舎工事や機材手配など，管理団体メンバー以外の方にもお手伝いしていただきました．ありがとうございました．

　堂平山レピータ設置にあたり，ときがわ町役場のご理解ご協力とご担当の方にたいへんお世話になりました．紙面をお借りまして御礼を申しあげます．堂平天文台「星と緑の創造センター」は，宿泊・キャンプ・森林体験・星空観望・トレッキングや，夏にはブルーベリー摘み取り体験ができるなど充実した施設です．ぜひ訪れてみてはいかがでしょうか．詳しくは，ときがわ町のWebページ（**http://www.town.tokigawa.lg.jp/**）をご覧ください．

　なお，現在の概要は第1章の最終項「レピータ局の例」を参照してください．

◀ **写真3-23**
ログハウスの上に設置されたD-STARレピータ用アンテナ

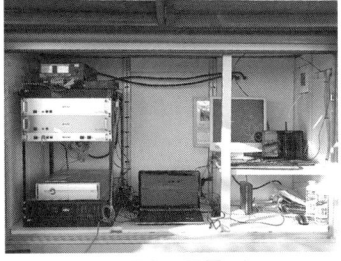

▲ **写真3-24**　局舎に設置したD-STARレピータ機材一式

堂平山レピータ（設置当時）	
コールサイン	JP1YKR
周波数	DVモード　439.15MHz
	DDモード　1270.125MHz
アンテナ	430MHz 5/8λ3段GP（第一電波工業製）
	1200MHz 5/8λ7段GP（第一電波工業製）
運用	24時間
設置場所	埼玉県比企郡ときがわ町堂平山
	標高約850m

第4章

D-STAR資料編

4-1 D-STARレピータ・リスト —— DVモード

2015年10月末現在

※NET(G/W)接続欄：◎ゲートウェイ接続局，○アシスト局，--ゲートウェイ未接続局
※備考欄に記載の（GW ××××××）のコールサインは，アシスト局のゲートウェイです．

	設置場所	NET(G/W)接続	430MHz 周波数	DUP	CALL SIGN	名称	1200MHz 周波数	CALL SIGN (Bは識別)	名称	備考
1-01	東京都中央区日本橋浜町	◎	434.40	+DUP	JP1YIU	浜町430	1291.69	JP1YIU B	浜町1200	
1-02	東京都中央区日本橋小網町	◎	434.10	+DUP	JR1VM	東京日本橋430				
1-03	東京都千代田区外神田	◎	434.32	+DUP	JP1YLA	秋葉原430				1W運用
1-04	東京都江戸川区松島	◎	439.07		JP1YJK	江戸川430	1291.65	JP1YJK B	江戸川1200	
1-05	東京都足立区千住旭町	◎	434.26	+DUP	JP1YDG	東京電機大学430	1291.27	JP1YDG B	東京電機大学1200	
1-06	東京都文京区千石	◎	439.13		JR1WN	巣鴨430				
1-07	東京都文京区小石川	◎	439.39		JP1YKZ	小石川430				
1-08	東京都渋谷区恵比寿西	◎					1291.47	JR1VF	恵比寿1200	
1-09	東京都品川区南大井	◎	434.30	+DUP	JP1YLK	品川430				
1-10	東京都世田谷区桜丘	◎	439.17		JP1YCD	世田谷430				
1-11	東京都西東京市芝久保町	◎	439.31		JP1YIW	西東京430	1291.57	JP1YIW B	西東京1200	
1-12	東京都調布市調布ヶ丘	○					1291.59	JP1YIX	調布1200	(GW JP1YIW)
1-13	東京都立川市若葉町	◎	434.16	+DUP	JP1YKU	立川430				
1-14	東京都狛江市和泉本町	◎	439.29		JP1YJO	狛江430				
1-15	神奈川県横浜市港南区港南台	◎	439.39		JR1VQ	横浜港南台430				
1-16	神奈川県横浜市港南区芹が谷	◎	439.21		JP1YIQ	横浜港南430				
1-17	神奈川県横浜市港北区新吉田東	◎	434.38	+DUP	JP1YJY	横浜港北430				
1-18	神奈川県横浜市青葉区美しが丘	◎	434.28	+DUP	JP1YKS	横浜青葉430				
1-19	神奈川県鎌倉市小町	◎	439.09		JP1YKP	鎌倉430				
1-20	神奈川県藤沢市亀井野	◎	434.12	+DUP	JP1YLD	藤沢430				
1-21	神奈川県藤沢市辻堂西海岸	◎	439.19		JP1YJV	湘南工科大学430	1291.43	JP1YJV B	湘南工科大学1200	
1-22	神奈川県平塚市平塚	◎	434.40	+DUP	JP1YLL	平塚430				
1-23	神奈川県海老名市本郷	◎	439.05		JP1YJX	海老名430	1291.41	JP1YJX B	海老名1200	
1-24	千葉県千葉市稲毛区長沼町	◎	439.27		JP1YJQ	稲毛430	1291.45	JP1YJQ B	稲毛1200	
1-25	千葉県佐倉市生谷	◎	434.32	+DUP	JP1YKO	佐倉430				
1-26	千葉県銚子市豊里台	◎	439.05		JP1YLG	銚子430				
1-27	千葉県香取市佐原	◎	439.21		JP1YDS	香取430				
1-28	千葉県流山市江戸川台東	◎	439.09		JP1YJR	流山430				
1-29	千葉県我孫子市高野山	◎	439.19		JP1YLB	我孫子430				
1-30	千葉県八街市四木	◎	434.42	+DUP	JP1YJT	八街430	1291.67	JP1YJT B	八街1200	
1-31	千葉県成田市本城	◎	434.20	+DUP	JP1YLM	成田430				

第4章　D-STAR資料編

	設置場所	NET (G/W) 接続	430MHz 周波数	DUP	CALL SIGN	名称	1200MHz 周波数	CALL SIGN (Bは識別)	名称	備考
1-32	千葉県東金市上谷	◎	439.17		JP1YLI	東金430				
1-33	千葉県長生郡長柄町長柄山	◎	434.22	+DUP	JP1YKM	長柄山430	1291.07	JP1YKM B	長柄山1200	
1-34	千葉県木更津市請西	◎	439.11		JP1YEM	木更津430	1291.33	JP1YEM B	木更津1200	
1-35	千葉県南房総市本織	◎	439.03		JP1YLE	南房総430				
1-36	千葉県鴨川市前原	◎	439.27		JP1YKQ	鴨川430				
1-37	千葉県船橋市高根台	◎	434.46	+DUP	JP1YFY	船橋430	1291.29	JP1YFY B	船橋1200	
1-38	山梨県甲府市伊勢	◎	439.49		JP1YKV	甲府430				
1-39	山梨県南都留郡山中湖村平野	◎	434.10	+DUP	JP1YLH	山中湖430				
1-40	栃木県那須郡那須町高久甲	◎	439.49		JP1YGQ	那須430				
1-41	栃木県下都賀郡壬生町北小林	◎	439.29		JP1YEV	独協医科大学430				
1-42	群馬県高崎市島野町	◎	434.12	+DUP	JP1YKT	高崎430				
1-43	群馬県北群馬郡榛東村広馬場	◎	434.04	+DUP	JP1YKD	群馬榛東430				
1-44	茨城県日立市西成沢町	◎	434.30	+DUP	JP1YKL	日立430				
1-45	茨城県久慈郡大子町下野宮	◎	439.19		JP1YCS	茨城大子430				
1-46	茨城県那珂市後台	◎	439.11		JP1YGY	那珂430				
1-47	茨城県水戸市元吉田町	◎	434.06	+DUP	JP1YLC	水戸430				
1-48	茨城県石岡市茨城	◎	434.28	+DUP	JP1YKY	石岡430				
1-49	茨城県つくば市筑波	◎	439.41		JP1YJZ	つくば430				
1-50	茨城県牛久市下根町	◎	434.08	+DUP	JP1YLF	牛久430				
1-51	茨城県鹿嶋市宮中	◎	439.29		JP1YKH	鹿嶋430				
1-52	茨城県結城市田間	◎	439.47		JP1YLJ	結城430				
1-53	茨城県古河市関戸	◎	439.39		JP1YIK	古河430				
1-54	埼玉県川越市小中居	◎	434.20	+DUP	JP1YKW	川越430				
1-55	埼玉県入間市狭山ケ原	◎	434.14	+DUP	JP1YKG	入間430				
1-56	埼玉県比企郡ときがわ町大野	◎	439.15		JP1YKR	堂平山430				
	ハムフェア会場 （開催中のみ運用）	◎	439.07		JP1YJJ C	ハムフェア430-C				会場内(屋内)からアクセス専用
		◎	439.25		JP1YJJ A	ハムフェア430-A	1291.31	JP1YJJ B	ハムフェア1200	会場外(屋外)からアクセス可能
2-01	静岡県伊豆の国市奈古屋小松が原	◎	439.23		JP2YHC	伊豆の国430				
2-02	静岡県裾野市佐野	◎	439.39		JP2YHA	裾野430				
2-03	静岡県静岡市葵区東草深町	◎	439.41		JP2YGY	静岡430				
2-04	静岡県焼津市三ケ名	◎	439.37		JP2YHF	焼津430				
2-05	静岡県島田市岸馬坂	◎	434.42	+DUP	JP2YHH	島田430				
2-06	静岡県牧之原市片浜	◎	439.31		JP2YHK	牧之原430				
2-07	静岡県浜松市東区常光町	◎	439.21		JP2YHD	浜松430				
2-08	愛知県額田郡幸田町	◎	439.41		JP2YDP	幸田430				
2-09	愛知県西尾市八ツ面町麓	◎	439.23		JP2YDN	西尾430				
2-10	愛知県知多郡阿久比町卯坂	◎	434.44	+DUP	JP2YHN	阿久比430				
2-11	愛知県東海市中央町	◎	439.19		JP2YHE	東海430				
2-12	愛知県日進市岩藤町	◎	439.09		JR2VK	日進430				
2-13	愛知県長久手市岩作雁又	◎	434.28	+DUP	JP2YHP	愛知医科大学430				
2-14	愛知県名古屋市千種区不老町	○	439.37		JP2YGI	名古屋大学430	1291.63	JP2YGI B	名古屋大学1200	(GW JP2YGE)
2-15	愛知県名古屋市熱田区神宮	○					1291.69	JP2YGE	電波学園1200	
2-16	愛知県名古屋市昭和区妙見町	○					1291.67	JP2YGG	名古屋第二日赤12	(GW JP2YGE)
2-17	愛知県春日井市鳥居松町	◎	439.39		JP2YGK	春日井430	1291.65	JP2YGK B	春日井1200	(GW JP2YGE)
2-18	愛知県弥富市前ケ須町南本田	◎	434.48	+DUP	JP2YHG	弥富430				
2-19	岐阜県岐阜市金華山国有林	◎	439.49		JP2YDS	岐阜市金華山430				
2-20	岐阜県恵那市長島町正家	--	439.01		JR2WO	恵那430				

	設置場所	NET(G/W)接続	430MHz				1200MHz			備考
			周波数	DUP	CALL SIGN	名称	周波数	CALL SIGN (Bは識別)	名称	
2-21	岐阜県可児市西帷子	--	434.36	+DUP	JP2YHI	可児430				
2-22	岐阜県加茂郡八百津町上吉田嵩	◎	434.42	+DUP	JP2YHM	岐阜七宗430				
2-23	岐阜県羽島郡岐南町平成	◎	439.15		JP2YHB	岐阜岐南430				
2-24	岐阜県揖斐郡大野町	◎	434.02	+DUP	JP2YHR	揖斐大野430				
2-25	岐阜県大野郡白川村飯島	--	439.21		JP2YCF	岐阜白川430				
2-26	岐阜県加茂郡八百津町潮見	--	439.35		JP2YGA	岐阜八百津430				
2-27	岐阜県岐阜市今沢町	--	439.43		JP2YGR	岐阜市今沢430				
2-28	三重県四日市市諏訪町	--	434.24	+DUP	JP2YHQ	四日市430				
2-29	三重県津市広明町	◎	439.17		JP2YHJ	三重津430				
2-30	三重県津市西丸之内	◎	439.13		JP2YHL	津丸之内430				
2-31	三重県津市榊原町字横造	◎	439.33		JP2YER	津榊原430				
2-32	三重県伊賀市上野中町	--	439.07		JP2YFY	伊賀430				
2-33	三重県名張市鴻之台一番町	◎	434.38	+DUP	JP2YHO	名張430				
2-34	三重県熊野市有馬町桂木	◎	439.47		JP2YDV	熊野430				
3-01	大阪府大阪市浪速区日本橋	◎	439.49		JP3YID	大阪日本橋430	1291.61	JP3YID B	大阪日本橋1200	
3-02	大阪府大阪市平野区加美鞍作	◎	439.39		JP3YHH	平野430	1291.63	JP3YHH B	平野1200	
3-03	大阪府大阪市住之江区南港北	○					1291.65	JP3YHF	WTC1200	(GW JP3YHH)
3-04	大阪府大阪市中央区大手前	◎	434.44	+DUP	JP3YIN	大阪中央430				
3-05	大阪府大阪市中央区谷町	◎	439.23		JR3VH	大阪谷町430				
3-06	大阪府大阪市天王寺区堂ヶ芝	◎	434.40	+DUP	JR3VG	大阪天王寺430				
3-07	大阪府東大阪市山手町	◎	439.01		JP3YHJ	生駒山430	1291.67	JP3YHJ B	生駒山1200	(GW JP3YHH)
3-08	大阪府堺市南区茶山台	○	439.31		JP3YHT	堺430				【海外接続不可】
3-09	大阪府寝屋川市太秦が丘	◎	439.43		JP3YHX	寝屋川430				
3-10	大阪府柏原市玉手町	◎	439.29		JP3YFE	大阪柏原430				
3-11	大阪府池田市畑	◎	439.09		JP3YDH	池田430	1291.57	JP3YDH B	池田1200	
3-12	大阪府阪南市光陽台	◎	439.07		JP3YIB	阪南430				
3-13	大阪府泉大津市東豊中町	◎	434.20	+DUP	JP3YEN	泉大津430				
3-14	京都府京都市中京区美幸町	◎	434.42	+DUP	JP3YIP	京都河原町430				
3-15	京都府京都市右京区嵯峨天龍寺立石町	◎	439.37		JP3YHV	京都嵐山430				
3-16	京都府京都市左京区修学院牛ケ額	○	434.06	+DUP	JP3YCS	比叡山430				(GW JP3YIJ)
3-17	京都府京都市下京区猪熊通塩小路上ル金換町	--	434.46	+DUP	JP3YIQ	京都下京430				
3-18	京都府京田辺市河原神谷	◎	434.48	+DUP	JP3YIO	京田辺430				
3-19	京都府舞鶴市浜	◎	439.49		JP3YII	舞鶴430				
3-20	滋賀県守山市水保町	◎	439.47		JR3WZ	滋賀守山430				
3-21	兵庫県神戸市灘区六甲山町南六甲	◎	439.41		JR3VK	六甲南430	1291.03	JR3VK B	六甲南1200	
3-22	兵庫県神戸市灘区六甲山町北六甲	--	434.25	+DUP	JP3YES	灘430				
3-23	兵庫県姫路市四郷町見野	◎	439.49		JP3YIG	姫路430				
3-24	兵庫県姫路市奥山	◎	439.05		JP3YCO	姫路奥山430				
3-25	奈良県奈良市大安寺	◎	439.21		JP3YIA	奈良430				
3-26	奈良県奈良市左京	○	439.49		JP3YHL	ならやま430	1291.69	JP3YHL B	ならやま1200	(GW JP3YHH)
3-27	奈良県生駒市鹿畑町	◎	439.45		JP3YIE	奈良生駒430				
3-28	和歌山県伊都郡高野町高野山	◎	439.03		JP3YHN	高野山430	1291.59	JP3YHN B	高野山1200	
3-29	和歌山県紀の川市竹房	◎	439.43		JR3WV	紀の川430				
3-30	和歌山県有田郡有田川町	○	439.27		JP3YCV	和歌山有田430	1291.23	JP3YCV B	有田1200	(GW JR3WV)
3-31	和歌山県田辺市伏菟野字熊野川	◎	439.49		JP3YIC	紀伊田辺430				
3-32	和歌山県東牟婁郡串本町馬坂	◎	439.27		JP3YIH	和歌山串本430				
3-33	和歌山県西牟婁郡すさみ町	--	439.07		JP1YIU	和歌山すさみ430				
3-34	和歌山県新宮市新宮字大鋸	◎	439.01		JP3YIL	新宮430				

第4章　D-STAR資料編

	設置場所	NET(G/W)接続	430MHz 周波数	DUP	CALL SIGN	名称	1200MHz 周波数	CALL SIGN (Bは識別)	名称	備考
4-01	広島県広島市西区井口	◎	439.49		JP4YDU	広島430	1291.69	JP4YDU B	広島1200	
4-02	岡山県倉敷市呼松町	◎	439.33		JP4YDV	倉敷430				
4-03	岡山県津山市阿波字樋ヶ谷	◎	439.29		JP4YDD	津山430				
4-04	山口県岩国市麻里布町	◎	439.35		JP4YDX	岩国430				
4-05	山口県大島郡周防大島町小松	◎	439.47		JP4YDW	周防大島430				
4-06	山口県柳井市新庄	◎	439.15		JP4YDZ	柳井430				
4-07	山口県周南市学園台	◎	439.37		JP4YDY	周南430				
4-08	山口県防府市寿町	◎	439.43		JR4WY	防府430				
4-09	島根県出雲市今市町	◎	439.47		JR4WE	出雲430				
5-01	香川県高松市番町	◎	439.43		JP5YCN	高松430				
5-02	愛媛県松山市築山町	◎	439.45		JP5YCO	松山430	1291.67	JP5YCO B	松山1200	
5-03	徳島県徳島市沖浜東	◎	439.37		JP5YCR	徳島430				
5-04	高知県高知市南御座	◎	439.47		JP5YCQ	高知430				
6-01	福岡県糟屋郡篠栗町若杉	◎	439.13		JP6YHS	福岡430	1291.09	JP6YHS B	福岡1200	
6-02	熊本県熊本市東区長嶺南	◎	439.03		JP6YHN	熊本430				
6-03	熊本県熊本市東区江津	◎	439.11		JP6YGU	熊本東430				
6-04	熊本県八代市塩屋町	◎	439.45		JP6YHR	八代430				
6-05	長崎県長崎市稲佐町	◎	439.47		JP6YHI	長崎430				
6-06	宮崎県宮崎市和知川原	◎	439.47		JP6YHW	宮崎430				
6-07	宮崎県北諸県郡三股町	◎	439.49		JP6YHU	都城430				
6-08	鹿児島県鹿児島市与次郎	◎	439.45		JP6YHZ	鹿児島430				
6-09	鹿児島県薩摩川内市青山町平原野	◎	439.39		JP6YHM	薩摩川内430				
6-10	鹿児島県日置市吹上町	◎	439.21		JP6YEL	日置430				
6-11	沖縄県那覇市真嘉比	◎	439.37		JQ6YAA	那覇430				
6-12	沖縄県宜野湾市大山	◎	439.45		JR6YZ	宜野湾430				
7-01	宮城県仙台市若林区卸町	◎	439.49		JP7YEL	仙台430	1291.69	JP7YEL B	仙台1200	
7-02	岩手県花巻市石鳥谷町大瀬川	◎	439.21		JP7YET	花巻430				
7-03	岩手県滝沢市滝沢字高屋敷	◎	439.47		JR7WD	滝沢430				
7-04	青森県三戸郡階上町鳥谷部	◎	439.07		JP7YEM	八戸430				
7-05	青森県青森市第二問屋町	◎	439.49		JR7WQ	青森430				
7-06	秋田県秋田市川尻御休町	◎	439.43		JP7YER	秋田430				
7-07	秋田県大館市下川原字向野	◎	439.41		JP7YES	大館430				
7-08	山形県天童市原町滝本上	◎	439.39		JR7WI	天童430				
7-09	福島県郡山市安積町荒井字南大部	◎	439.49		JR7WM	郡山430				
7-10	福島県いわき市中央台飯野	◎	439.39		JP7YEU	いわき430				
8-01	北海道札幌市豊平区平岸	◎	439.49		JP8YDZ	札幌430	1291.69	JP8YDZ B	札幌1200	
8-02	北海道函館市石川町	◎	439.03		JP8YEA	函館430				
8-03	北海道千歳市信濃	◎	439.47		JP8YEB	千歳430				
8-04	北海道旭川市大雪通	◎	439.43		JP8YEE	旭川430				
8-05	北海道稚内市萩見	◎	439.45		JP8YEI	稚内430				
8-06	北海道紋別郡興部町秋里	◎	439.39		JP8YEH	興部430				
8-07	北海道北見市並木町	◎	439.41		JP8YEF	北見430				
8-08	北海道帯広市西2条南	◎	439.45		JP8YEC	帯広430				
8-09	北海道広尾郡広尾町公園通北	◎	439.39		JP8YEG	広尾430				
9-01	石川県金沢市新神田	◎	439.49		JP9YEH	金沢430				
9-02	富山県高岡市佐野	◎	439.03		JP9YEG	高岡430				
9-03	富山県南砺市高畠	◎	439.47		JP9YEI	南砺430				

	設置場所	NET(G/W)接続	430MHz 周波数	DUP	CALL SIGN	名称	1200MHz 周波数	CALL SIGN (Bは識別)	名称	備考
9-04	富山県中新川郡上市町	◎	439.45		JP9YEM	富山上市430				
9-05	福井県福井市和田	◎	439.45		JP9YEJ	福井430				
0-01	新潟県新潟市西区真砂	◎	439.19		JP0YDR	新潟430				
0-02	新潟県新潟市中央区旭町通1番町	◎	439.41		JP0YDY	新潟大学430				
0-03	新潟県長岡市幸町	◎	439.43		JP0YDU	長岡430				
0-04	新潟県妙高市飛田	◎	439.05		JP0YEB	上越妙高430				
0-05	長野県中野市中野	◎	439.47		JP0YEA	信州中野430				
0-06	長野県上田市上野富士見台東	◎	439.03		JP0YDP	上田430				
0-07	長野県上田市武石上本入字築地原	○	439.07		JP0YCI	美ヶ原430				(GW JP0YDP)
0-08	長野県飯田市三日市場	◎	439.23		JP0YDX	飯田430				
181か所			176局, NET(G/W)未接続11局				31局			

レピータ未設置:4エリア 鳥取県, 6エリア 大分県, 佐賀県

コラム⑤　RSレポートとQSLカードの書き方

● **RSレポート　レピータによる交信の場合**

Sメータの信号強度はレピータの電波の信号強度になり,相手局の信号強度ではありません.デジタルのためR(了解度)1～5は判断しにくいため,品質(クオリティ)で表わす方法もあります.しかし,この方法はアマチュア無線では一般的でないため,了解度として使われているM(メリット)が適切かと思います.

このようにレピータを介した交信では,相手局にシンプレックスQSOと同じように,「RS59」とレポートを送っても,何も意味がありません.特にRS59のS9は相手局の信号強度ではないわけですから.

下記の一般的なアマチュア無線の了解度の定義を使って,「メリット5」のようにFMと同じ表現でよいでしょう.

- **了解度の定義　[( )内は無線局運用規則のQRK]**

　1：了解できない(悪い)

　2：かろうじて了解できる(かなり悪い)

　3：かなり困難だが了解できる(かなり良い)

　4：事実上困難なく了解できる(良い)

　5：完全に了解できる(非常に良い)

● **QSLカードの書き方**

カードの例と記載方法を参照してください.

- RST欄：M(メリット)表記がよいでしょう.シンプレックス時は表記の「59」かメリットで記述します.
- モード欄：DVと表記します.SSBやCWの表記と同じです.電波型式で記入するときは「F7W」と記述します.

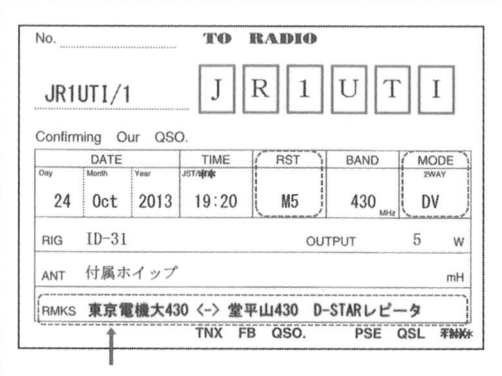

「MY：東京電機大学, UR：堂平山, D-STARレピータ」や「東京電機大学D-STARレピータ使用, レピータ信号強度9」などでもよい.

※D-STARレピータを使用したQSOということがわかるように記載する.

112　D-STAR通信がすぐわかる本

第4章　D-STAR資料編

4-2　D-STAR I-GATE運用局リスト

2015年10月末現在

- このリストは，実際に筆者の位置情報（GPSデータ）がI-GATE局から流れたり，他局から情報をいただいたものなど，筆者が2013年1月から個人的に調べたものをまとめたものです．
- I-GATE局は，レピータ局管理団体で必ず運用しているというものではありません．

　レピータ局管理団体や個人局・クラブ局などがボランティア的に運用していますので，常時稼動を行ってない場合や中止・休止している場合もあります．

【注】備考欄について
- 「運用局情報」は，I-GATE局を立ち上げている局（I-GATE運用局）です．I-GATE運用局の方から直接いただいた情報や，NET検索で運用局のブログなどでの情報閲覧も「運用者情報」と記載しています．
「USER情報」は，DPRS運用局（GPS位置情報送出局）から情報をいただいたものです．
- I-GATE局のコールサインは位置情報を公開していない局があるため表示は控えています．

※I-GATE局とレピータ局の設置場所は，必ずしも同じではありません．

DPRS I-GATE情報【レピータ】

エリア	I-GATE局があるレピータ	レピータ設置場所	備考
1	浜町430	東京都中央区	運用局情報（SCANでテスト中）
	東京日本橋430	東京都中央区	
	東京電機大学430/1200	東京都足立区	運用局情報
	巣鴨430	東京都豊島区	運用局情報
	西東京430	東京都西東京市	運用局情報
	立川430	東京都立川市	運用局情報
	横浜港北430	神奈川県横浜市港北区	
	横浜青葉430	神奈川県横浜市青葉区	
	稲毛430	千葉県千葉市稲毛区	
	長柄山430/1200	千葉県長生郡長柄町	運用局情報
	香取430	千葉県香取市	
	八街430/1200	千葉県八街市	I-GATE コメントで確認
	成田430	千葉県成田市	I-GATE コメントで確認
	入間430	埼玉県入間市	運用局情報
	堂平山430	埼玉県比企郡ときがわ町	運用局情報
	川越430	埼玉県川越市	運用局情報
	鹿嶋430	茨城県鹿嶋市	運用局情報
	つくば430	茨城県つくば市	
	石岡430	茨城県石岡市	運用局情報
	牛久430	茨城県牛久市	運用局情報
	結城430	茨城県結城市	運用局情報
	独協医科大学430	栃木県下都賀郡壬生町	運用局情報
2	島田430	静岡県島田市	
	春日井430	愛知県春日井市	
	弥富430	愛知県弥富市	
	幸田430	愛知県額田郡幸田町	
	日進430	愛知県日進市	当局の電波の受信を確認
	東海430	愛知県東海市	
	愛知医科大学430	愛知県長久手市	DPRS01,02SERVERで確認
	熊野430	三重県熊野市	
	三重津430	三重県津市	
	岐阜岐南430	岐阜県羽島郡岐南町	

DPRS I-GATE情報【レピータ】

エリア	I-GATE局があるレピータ	レピータ設置場所	備考
2	岐阜七宗430	岐阜県加茂郡八百津町	DPRS01,02SERVERで確認
	揖斐大野430	岐阜県揖斐郡大野町	DPRS01,02SERVERで確認
	可児430	岐阜県可児市	USER情報 ※G/W未接続
3	大阪谷町430	大阪府大阪市中央区	
	大阪天王寺430	大阪府大阪市天王寺区	運用局情報
	大阪日本橋430	大阪府大阪市浪速区	
	平野430	大阪府大阪市平野区	
	比叡山430	京都府京都市左京区	
	京都河原町430	京都府京都市中京区	DPRS01,02SERVERで確認
	姫路奥山430	兵庫県姫路市	
	ならやま430	奈良県奈良市	USER情報
	有田430	和歌山県有田郡有田川町	USER情報
	紀の川430	和歌山県紀の川市	
	滋賀守山430	滋賀県守山市	
4	周防大島430	山口県大島郡周防大島町	運用局情報
	柳井430	山口県柳井市	I-GATE コメントで確認
	津山430	岡山県津山市	運用局情報（暫定試験運用）
5			
6	福岡430	福岡県糟屋郡篠栗町	運用局情報
7	八戸430	青森県三戸郡階上町	
	大館430	秋田県大館市	
	花巻430	岩手県花巻市	当局の電波の受信を確認
8	札幌430	北海道札幌市	当局の電波の受信を確認
	北見430	北海道北見市	
9	南砺430	富山県南砺市	
	高岡430	富山県高岡市	I-GATE コメントで確認
	福井430	福井県福井市	
0	上田430	長野県上田市	同一のI-GATE局と思われます．
	美ヶ原430	長野県上田市	
	信州中野430	長野県中野市	DPRS01,02SERVERで確認
	長岡430	新潟県長岡市	
	上越妙高430	新潟県妙高市	運用局情報

D-STAR通信がすぐわかる本　113

DPRS I-GATE情報【シンプレックス】

エリア	周波数	レピータ設置場所	備考／情報
1	438.01MHz	埼玉県比企郡ときがわ町(堂平山)	運用局情報
		茨城県高萩市	運用局情報
		東京都中野区(2局あり)	当局の電波の受信を確認
		千葉県市原市	I-GATE コメントで確認
		神奈川県小田原市	I-GATE コメントで確認 2014/07/08 当局の電波の受信を確認
		神奈川県三浦郡葉山町	2014/01/14 当局の電波の受信を確認
2	438.01MHz	静岡県浜松市東区	I-GATE コメントで確認
3	438.01MHz	大阪府枚方市(2局あり)	2014/01/14 当局の電波の受信を確認
4			

DPRS I-GATE情報【シンプレックス】

エリア	周波数	レピータ設置場所	備考／情報
5	438.01MHz	愛媛県松山市	テスト運用, 運用局情報
6	438.01MHz	宮崎県都城市	I-GATE コメントで確認
7	438.01MHz	岩手県紫波郡紫波町	I-GATE コメントで確認
		福島県いわき市	USER情報 I-GATE コメントで確認
8	438.01MHz	北海道北見市	I-GATE コメントで確認
9			
0	438.01MHz	長野県上田市(レピータと同一局?)	USER情報
		新潟県長岡市	I-GATE コメントで確認

コラム❻ DPRSとAPRSについて

　DPRS(Digital Packet Reporting System)とは，D-STARからAPRS(Automatic Packet Reporting System)のシステムに情報を送る仕組みです．D-PRSという表現もあります．D-STARからはGPS位置情報を送出モードにして電波を出すと，I-GATE局を経由して自局の位置情報がAPRSサーバに送られます．

　APRSは，無線機から自局の位置情報の送出やメッセージの交換，Weather Stationを設置して気象情報を発信するなど世界中のアマチュア無線局と情報を交換するシステムです．そのため，D-STAR側はD-STARの運用方法とAPRSの運用基準に合わせるなど考慮する点がいくつかあります．

❶ 運用局の識別(SSID)を必ず設定する．Iを除くA〜Zを使用(写真A)．
❷ シンボルは，徒歩，車，自宅など運用形態に合わせる(写真B)．
❸ コメントは，DPRSを運用していることがわかるように設定する．
❹ D-STARレピータを使用するときは「GPS自動送信」を必ずOFFにする．

　これらは，無線機のGPSメニューから設定することができます．

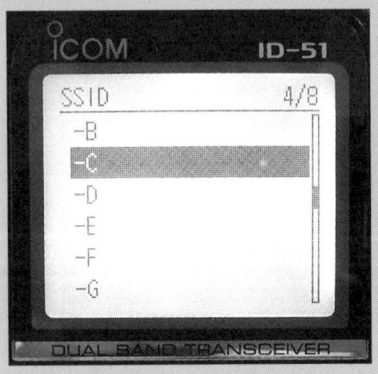

◀写真A
SSIDの設定画面

▶写真B
シンボルは運用中の形態に合わせて設定する

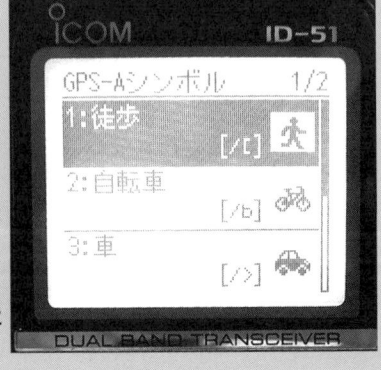

4-3 D-STARの運用指針

D-STARはJARL(日本アマチュア無線連盟)によって制定された,日本のアマチュア無線におけるデジタル通信方式です.

そのD-STARの運用指針がJARLから公開されていますので,JARLから許可をいただき原文のままここに掲載いたします.

なお,本文章はJARLのWebサイトでも公開されています.

http://www.jarl.org/Japanese/7_Technical/d-star/guideline.htm

JARLアマチュア・デジタル通信システム (D-STAR)の運用指針
D-STAR 運用ガイドライン

目 次

はじめに
第1章 本指針の目的と適用範囲
第2章 用語
第3章 基本方針
  3-1 法の順守と責任の所在
  3-2 セキュリティ
  3-3 運用システム
  3-4 総括管理体制
第4章 構築・利用基準
  4-1 システム構築のための基準
    4-1-1 デジタルレピータ局およびアシスト局の設置ならびに認定基準
    4-1-2 IPアドレスの貸与および管理ならびにドメイン名の管理基準
  4-2 システム利用のための基準
    4-2-1 アマチュア業務としての順守事項
    4-2-2 ネットワーク利用者としての順守事項
    4-2-3 管理者の順守事項
    4-2-4 デジタル音声中継システム利用の順守事項
    4-2-5 D-STARに関するその他の規定
  4-3 システム利用の停止
第5章 免責事項
第6章 本指針の改訂と公示

はじめに

　アマチュア・デジタル通信は、デジタル通信技術に基礎を置き、一対一の通信から複数のデジタルレピータを用いたデジタル音声通信および高速データ通信等を、必要に応じて一般のインターネットとも相互接続して行うものである。このアマチュア・デジタル通信の電波法関係審査基準の改正が行われ、2004年1月13日から施行され、これによって、かねてから(社)日本アマチュア無線連盟(以下"JARL"と略)が進めてきたアマチュア・デジタル通信システム(Digital Smart Technology for Amateur Radio以下"D-STAR"と略)の開設が可能となった。

　JARLでは、D-STARが複数のデジタルレピータによる中継並びにインターネットとの相互接続が可能なことから、D-STARを開設あるいは利用する場合の指針として、ここに「アマチュア・デジタル通信システム(D-STAR)の運用指針(以下"本指針"と略)」を策定し、D-STARの普及促進と有意義な活用を図ることとする。

第1章　本指針の目的と適用範囲

　本指針の策定目的は、アマチュア・デジタル通信のネットワーク通信形態における多様な運用状況に対して、秩序ある対処を可能とし、問題の発生を未然に防ぐために必要な基本方針と運用基準を明確にするものである。あわせて、これら基本方針と運用基準に沿って、対象に応じた規則類および実施要領(マニュアル)類を準備できるようにするものである。

　D-STARでは、一般のインターネットと相互接続が可能なことから、デジタルレピータの運用、利用者の識別ならびに認証、インターネットとの接続方法、通信内容の取扱いに関して、共通のルールを定める必要がある。

　このルールにおいては、当然のことながらアマチュア無線の基本事項である「暗号通信の禁止(電波法58条)」および「通信の秘密の保護(電波法59条)」に準拠することを十分配慮する必要がある。

　D-STARでは、無線機間で直接行われる通常のアナログ通信と異なり、複数のデジタルレピータ局および複数のアシスト局ならびにゲートウェイを介しインターネットなどを経由した通信を行い、さらに各種のサーバーが関与するネットワーク通信形態であることから、これらの運用には多様な状況が想定されるため、責任体制を明確にする必要がある。

　一方、一般のネットワークでは、サービスを提供するシステムの設置者および運用者とサービスの利用者が明確に区別される場合が多いが、D-STARでは、利用者であるアマチュア無線技士はD-STARの一部または全ての設置者および運用者としての立場にあることから、立場とその責任範囲を明確にすることも本指針の目的である。

　以下、D-STARに対する運用の基本方針と構築・利用規定を列挙する。また、実際の適用にあたっては、本指針を基に実施要領(マニュアル)類を定めることとする。

第2章　本指針で使われる用語

本指針で使われる用語についての意味は、以下のとおりとする。

- 端末局とは、市販または自作のデジタル無線機と情報機器を用いてデジタルデータまたはデジタル音声を伝送してデジタル電波の送・受信ができる無線局とする。これは個人または社団で開設する。
- デジタルレピータ局とは、端末局どうしのデジタル電波の中継および制御信号付アナログ電波をデジタル電波に変換して中継を行う無線局であり、JARLが開設し管理団体が運営管理する。
- レピータエリアとは、一のレピータが直接カバーする通信範囲を示す。
- アシスト局とは、デジタルレピータ局と他のデジタルレピータ局間等の中継を行う無線局であり、JARLが設置し管理団体が運営管理する。
- デジタル通信ゾーンとは、アシスト局によって中継されている複数のレピータによってカバーされる通信範囲を示す。したがって一または複数のレピータエリアを包含する。
- 利用者とは、端末局の設備およびレピータ局を使う人を指す。
- 運用者とは、端末局およびレピータ局またはアシスト局を運用する人を指す。レピータ局ならびにアシスト局においては、管理団体が運用者となる。
- 管理者とは、レピータ局およびアシスト局を管理する人を指す。
- 設置者とは、レピータ局およびアシスト局を設置する人、または個人局を開設する人を指す。これは免許人である。
- 管理団体は、レピータ局、アシスト局の場所および機材ならびに運営管理業務を提供する団体を指す。
- ゲートウェイとは、インターネットの公衆回線網との接続点となるレピータ局やアシスト局に置かれ、インターネットとアマチュア無線のデジタル通信ゾーンを接続する。
- 管理サーバーとは、各ゲートウェイと接続され、レピータエリアに属する端末局のコールサインとIPアドレスの管理および通信ログの管理を、全国レベルで一元的に行うサーバーである。管理サーバーはJARLが設置し運用管理する。
- ネットワーク管理者とは、管理サーバーおよびゲートウェイの管理業務と、IPアドレスの貸与管理業務を行う人を指す。

補足事項

- アマチュアの個人局の場合は、利用者、運用者および設置者はすべて同一である。
- アマチュアの社団局の場合は、代表者は設置者、運用者および利用者と同一である。
- アマチュアの社団局の構成員は、運用者および利用者と同一である。

第3章　基本方針

3-1　法の順守と責任の所在

運用者および利用者は、自己の責任において以下の事項を順守してデジタル通信等を行うこと。

(1) 電波法令等を守る。
(2) ネットワークのマナーを守る。
(3) 秘匿性がないことおよび利用者と運用者が同じであること等、アマチュア業務の特徴を理解した上での運用を行う。

また、運用者および利用者は、D-STARに一般ネットワークの利用者からの通信内容が流れる場合は、当該利用者に対してアマチュア業務への理解と利用上の注意喚起を行う義務がある。運用者および利用者は、電波法等の法令ならびに関連する制度および本指針等のルールに違反する事態を発見・知得したときは速やかな改善をおこなうこと。また、アマチュア無線のデジタル通信ゾーン内で、秘匿通信とみなされる暗号化通信を発見した場合は、その事実を報告すること。

3-2　セキュリティ

アマチュア業務においては、通信内容を秘匿するため暗号通信が禁止されていることから、個人情報の保護あるいは通信システムへの不正アクセス防止などのセキュリティ確保への対策が重要であり、このための最新の情報を把握し、それを十分活用して運用しなければならない。

本人認証のために交換される電文は、本人特定の個人情報であり、セキュリティ確保のためにこれを保護することは必須事項であることから、本人認証情報を暗号化することは秘匿通信とみなさない。通常の通信内容に対する暗号化は、秘匿通信を目的とするものであり、アマチュア無線に禁止された暗号通信とみなす。

セキュリティ確保のためにネットワークに課さなければならない制限と、ネットワーク利用の自由度は、一般的に相反することから、具体的なセキュリティーポリシーは、利用実態を考慮してJARLがその基本方針を決定する。

管理者は、ネットワークのセキュリティーポリシーを実現するために、ゲートウェイにはファイアウォールやIDS等を設け、疎通する情報のセキュリティ管理が適切に行えるように努めなければならない。各デジタル通信ゾーンには、具体的なゲートウェイの設定基準を決定するための「地域デジタル通信連絡会」を設置する。

3-3　運用システム

D-STARで用いる運用システムは、JARLが公表している仕様に基づくとともに、以下の要件を満たすこと。

(1) 用いる電文仕様（文字コード、音声符号化、静止画符号化、映像符号化、文書ソフト、グラフィックスソフト、ハイパーテキスト、等）は、国際標準または国内標準あるいは広く公開されていて、容易に入手可能な仕様でなければならない。
(2) 周波数帯と電波型式は、JARLが定める周波数使用区分に従っていなければならない。
(3) ISOが定めたOSI参照モデルのレイヤー（以下同様）構成に従い、レイヤー2プロトコルは、イーサネット仕様、その他の業界標準、あるいは広く公開されているプロトコルでなければならない。
(4) レイヤー3プロトコルは、インターネットプロトコル(IP)仕様、その他の業界標準、あるいは広く公開されているプロトコルでなければならない。
(5) レイヤー4プロトコルは、インターネットで用いられるTCP(Transmission Control Protocol)またはUDP(User Datagram Protocol)、その他の業界標準、あるいは広く公開されているプロトコルでなければならない。
(6) 運用システムのアプリケーションプロトコルを新たに創作する場合は、その内容を定められた方法により広く公開しなければならない。ただし、すでに広く用いられている仮想端末プロトコル(Telnet)、電子メールプロトコル(SMTP)、Webページ記述プロトコル(HTML)などのプロトコルを使用するときは、この限りではない。

　D-STARとインターネットとの相互接続は、ゲートウェイを介して行う。ゲートウェイに関しては以下の機能を必要とする。
(1) ゲートウェイを介するインターネットとの接続および他のデジタル通信ゾーンとの接続に必要な接続情報は、JARLが一元的に登録・管理する。
(2) ゲートウェイでは、通信ログを短期間保持した後JARLが設置する管理サーバーにその内容を送る。JARLの管理サーバーは、収集した通信ログの管理を全国レベルで一元的に行う。
(3) ゲートウェイにおいては、異なるレピータエリアの移動局との通信を可能にするため、移動局のレピータエリア情報を管理サーバーに送る。管理サーバーには、ゲートウェイからの問い合わせに対して、移動局のレピータエリア情報を知らせる機能を有する。

　デジタルレピータ局およびアシスト局は、JARLが設置者となり、日常の動作維持に関しては、管理団体が責任を持つ。
　デジタルレピータ局、アシスト局の設置および運用に関しては、既存のレピータの運用基準に準拠する。

3-4　総括管理体制
　全国的なD-STARの運用に関してJARLの総括的な管理責任を遂行するために、D-STAR運用に関する「総括管理責任者」1名を置く。総括管理責任者は、JARLを代表して組織的責任を負うことができる職

務にある者とする。

　また、D-STAR運用上の技術的措置を一元的に行うために、「統括技術責任者」1名を置く。統括技術責任者は、JARLを代表して対外的な情報連絡あるいは交渉を一元的に行うこととする。統括技術責任者は、D-STARの日常の運用において緊急措置を必要とする事態が発生した場合は、可及的速やかに措置を行い、その後総括管理責任者と協力して、再発防止のための対策を講じなければならない。デジタルレピータの設置については、会長からの諮問を受けてワイヤレスネットワーク委員会（略称：WNC）において審議する。

　デジタルレピータの管理は、管理団体によって行う。

　D-STARのシステム全般に関する管理体制の相互関係は図の通りとする。

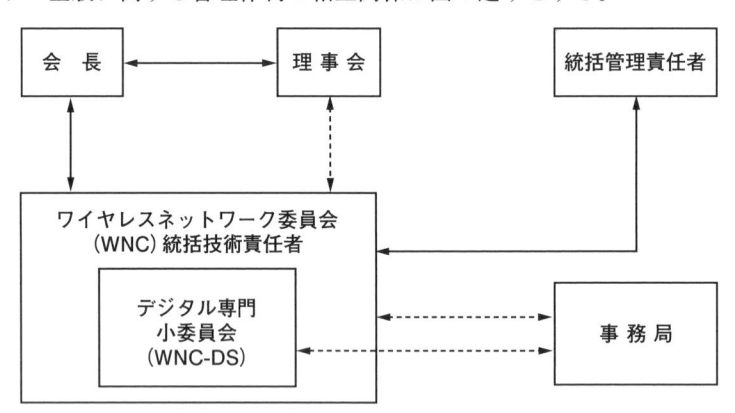

第4章　システムの構築および利用基準

4-1　システム構築のための基準
4-1-1　デジタルレピータ局およびアシスト局の設置ならびに認定基準

　デジタルレピータ局、アシスト局は、JARLが開設する。実際にレピータ局、アシスト局を設置し、日常的に運用するための管理団体を置く。このときJARLは、レピータ局、アシスト局の管理を以下の基準に基づいて管理団体の代表者に委任する。

(1) 管理団体の代表者および管理者は、本指針を順守すること。
(2) 管理団体は、システムの管理運営上必要な場合に、総括管理責任者および総括技術責任者の指示に従うこと。
(3) レピータ局、アシスト局の設置場所および周波数についてはJARLが決定し、管理団体を公募する。
(4) レピータ局、アシスト局の技術基準については、別に定める。
(5) レピータ局、アシスト局からインターネットに接続する場合は、JARLが定めた動作仕様に基づくゲートウェイを設置し、これを介して接続する。
(6) レピータ局、アシスト局の維持管理およびインターネット接続にかかる費用については管理団体が

第4章　D-STAR資料編

負担する。
(7) その他はJARLが別に定めた規定に準じる。

　JARLは、デジタルレピータ局およびアシスト局の開設にあたっては、地域の情勢と周波数の利用効率を考慮し、これらの無線局が多数のアマチュア無線局に有用な設備となるように努めなければならない。また、レピータ局、アシスト局およびゲートウェイの設置状況は、JARLのWebサイトにおいて最新情報が告知されるようにしなければならない。

4-1-2　IPアドレスの貸与および管理ならびにドメイン名の管理基準

　デジタル無線機に接続される情報機器のIPアドレスの貸与および管理ならびにドメイン名の管理は、JARLが以下の基準に基づいて一元的に行う。
(1) IPアドレスを利用者に貸与するときの方法およびドメイン名の管理方法は、別途規定によって定める。
(2) IPアドレスとドメイン名は、利用者の自己責任で使用し、これらを他人に貸与してはならない。
(3) ドメイン名は、利用者の識別信号(コールサイン)の明記を原則とし、サブドメイン名以下については利用者の任意とする。
(4) サブドメイン名以下の公開(広く周知させること)または開示(特定の他人に知らせること)または非開示の選択は、利用者の任意による。
(5) JARLは、本指針を順守しない利用者へのIPアドレスの貸与を中止することができる。

4-2　システム利用のための基準

4-2-1　アマチュア業務としての順守事項

　D-STARの運用にあたっては、利用者および管理者は自己の責任において以下の事項を守る必要がある。
(1) 本人認証の個人情報(パスワード等)へのセキュリティー確保がなされていること。
(2) 利用者が発信する情報については、アマチュア業務に準拠し、公序良俗に反しない内容であること。
(3) インターネット側からの情報を受信する場合は、アマチュア業務として許容範囲を逸脱した情報であることを認めたとき、ただちに利用を中止すること。
(4) Webサーバーやメールサーバー等を運用する場合は、広告情報や商取引メールなど、アマチュア業務として許容されない情報の受発信が行われないようにすること。

　利用者および運用者の通信に関係ない他人の通信を傍受した場合、その通信内容を第三者に開示してはならないが、アマチュア業務を逸脱している可能性が大きい場合には、必要な報告を速やかにしなければならない。

4-2-2　ネットワーク利用者としての順守事項

　D-STARの利用者および運用者は、デジタルレピータ局、アシスト局およびゲートウェイなどの機能や能力を十分に認識して、それらのシステムが適正に利用されるように努めなければならない。　ネット

ワークを円滑かつ安全に利用できるよう、利用者および運用者は以下の事項を順守しなければならない。
(1) ネットワークを利用して、他人の情報機器（ＰＣ端末、サーバー、ホームＬＡＮ等）への不正侵入、サービス中断を目的とする攻撃（DoS攻撃等）、ウィルス送付、スパムメール送付などの不正利用を行ってはならない。
(2) 多数の利用者が接する情報を扱う場合は、特定の個人または団体を誹謗中傷する内容や、他人の著作権および知的所有権を侵害する内容が伝達された場合、または伝達されるおそれがある場合、法令に従って適切な処理を行わなければならない。
(3) 不慮の加害者あるいは被害者にならないために、デジタル通信に生じうる事故とそれを避けるための知識と対処法を身につけるよう、努めなければならない。
(4) 商用サービスとアマチュア無線の違いをよく認識し、信頼性および可用性などは保証がないことを理解して利用と運用をしなければならない。
(5) 端末局はD-STARを他のネットワークに接続し、他人の情報の中継等にアマチュア無線を不正利用してはならない。

4-2-3 管理者の順守事項

JARLおよび管理者は、犯罪的行為に結びつくと判断され、法令に基づく当該機関から所定の手続きによる要求があった場合、利用者に対して断りなく情報を開示することができる。 管理者が利用者の個人情報（氏名、住所、電子メールアドレス等）を扱う場合は、個人情報の収集および利用ならびに開示に関して、その目的の範囲内で適正に管理し、漏洩・滅失・棄損のないよう安全に管理するため必要な措置を講じなければならない。また、その取扱いに関して利用者本人が適切に関与できるように配慮しなければならない。

4-2-4 デジタル音声中継システム利用の順守事項

デジタル音声中継システムの利用者は、管理サーバーに利用者の識別信号（コールサイン）を所定の手続きで登録しなければならない。このとき本指針を順守するために必要な措置をとること。 アナログ無線機を使ってデジタル音声中継システムを利用する場合は、所定のインターフェース機器を用いて通信しなければならない。

4-2-5 D-STARに関するその他の規定

(1) デジタル無線機および周辺機器を自作するときであって、D-STARを利用する場合は、JARLが公表している仕様に準拠させること。
(2) デジタルレピータを使用せず、直接相手局と通信する場合においては以下の２項は免除される。
- 貸与されたIPアドレスとドメイン名の使用
- 識別信号（コールサイン）の管理サーバーへの登録

ただし、貸与されたIPアドレスを使用しない場合、IPアドレスは別途定められたアドレス空間を使用すること。

(3) 前記以外の事項は本指針を適用する。

4-3　利用の停止

次の場合、JARLは利用者および管理者に対しシステムの利用を停止させることができる。このとき利用者および管理者に発生した損害等についてJARLは責任を負わない。
(1) 利用者および管理者と連絡がとれなくなった場合。
(2) 利用者および管理者が本指針から逸脱した場合。
(3) 利用者および管理者がネットワークの運営に支障を与えた場合。
(4) 申込みおよび届け出の内容に虚偽の記載、あるいは不十分な記載が判明した場合。
(5) 利用者および管理者の死亡や解散等でネットワークの利用ができなくなったとJARLが判断した場合。
(6) その他、JARLが必要と判断した場合。

第5章　免責事項

　JARLは、管理サーバーの運営およびネットワークの合理的理由にもとづく不稼働について責任を負わない。JARLは必要に応じてこれらの運用について一定期間停止させることがある。JARLは、利用者・管理者に生じたいかなる損害について、一切の賠償の責任を負わない。
　JARLは、利用者がパスワード等の利用者情報を失念したために発生した、いかなる損失について責任を負わない。

第6章　本指針の改訂と公示

本指針の改廃は、理事会において行うものとする。
本指針の公示は、インターネットのWebサイトおよびその他の方法で行う。
本指針は、平成15年9月27日より施行する。（第462回理事会　平成15年9月27日）
本指針は、平成21年2月22日より施行する。（第507回理事会　平成21年2月22日）

索引

数字

1DVRC	52
3VA	10
3高	78
4VA	10

A

APRS	39
APRSサーバ	39

B

BC-202	87
Bluetoothユニット	47
BP-271	86
BP-272	86

C

CD	8
CP-12L	87
CP-19	87
CQCQCQ	29
CQ誌	54
CS	8
CS-9100	76
CSVファイル	19

D

DD（Digital Data）	6
Digital Smart Technologies for Amateur Radio	6
D-PRS機能	39
DR	8
DR機能	19, 29
D-STAR運用ガイドライン	12, 115
D-STAR対応無線機	9
D-STARネットワーク	17
D-STAR利用申し込み	12
DUP	83
DV（Digital Voice）	6
DV自動検出	23
DVスロー・データ	47
DVファースト・データ	47
DVレピータ	54

E

Eスポ	23

F

FM	7
FROM	8
FW7	10

G

G/W	25
Googleマップ	101
GPS衛星	69
GPS機能	7
GPS受信機	37
GPS送信モード	50
GPSモジュール	69
GWコールサイン	81

H

HM-153LS	88
HM-166LS	88
HM-186LS	88
HM-36	91
HM-75LS	88

I

ICFファイル	19
ID	15
I-GATE局	39, 113
IPアドレス	15, 18

J

JAIA（日本アマチュア無線機器工業会）	53
JARL	6, 115
JARL NEWS	54
JARL Web	12
JARL業務課	12
JRサイバーステーション	98
JR東海エクスプレス	94

L

LC-175	89
LC-179	89

M

MB-62	89
MBA-1	89
MBA-2	89

索引

MBF-1	89
MBF-4	89
MSG	36

N

NET接続欄	108
NTT	106

O

OPC-1156	90
OPC-2253	90
OPC-2350LU	49, 91
OPC-245L	87
OPC-440	90
OPC-647	90

P

P-273	86
POC-2254	90
PTTロック	45

Q

QSB	8, 54
QUICK	41

R

R1(RPT1)	8
R(RPT2)	8
ReleaseJ2	47
ReleaseJ3	47
RJ-11型	68
RPT?	32
RS59	112
RS-92	52
RS-MS1A	47
RST欄	112
Rx	8

S

SDカード	18, 19
SJ-1	89
SM-30	91
SM-50	91
SMAP-MJ型	65
SP-23	91
SP-35	91

T

TO	8

U

UR(YOUR)	8
UR?	32
UT-133	90
UTCオフセット	83
UX-9100	75, 91

V

VS-3	90

あ行

アイコムWebサイト	47
アイボール	45
アシスト局	28, 108
アシスト接続	27
アラームエリア	42
位置情報	38
インターネット・プロバイダ	18
インポート	19
エアバンド	65
エクスポート	19
エリア	27
遠距離通信	10
音声がケロッてしまう	78

か行

カーチャンク	8, 31, 36
画像伝送	48
簡易データ通信機能	46
簡易メッセージ機能	93
管理サーバ	12
管理団体	55
機器情報の登録	12
技術基準適合証明	10
クオリティ	112
グリッド・ロケーター	39
クローニング・ケーブル	21
クローニング・ソフト	18
クローン読み込み	21
ゲートウェイ	8
ゲートウェイ・レピータ	27
ゲートウェイ接続局	108
ゲートウェイ未接続局	108
ゲート越え	8

ゲート越え通信	12, 17, 23	電離層反射	10
広域レピータ	105	堂平天文台	104
工事設計書	10	トーン（TONE）信号	24
交信記録認定	23	ときがわ町	104
広帯域の電話	22		

な行

コールサイン指定呼出	33	内部スプリアス	64
コールサインの設定	16	日本アマチュア無線連盟	6
コールサインの登録	16		

は行

コールサイン呼出指定	18	バックライト	72
国内接続	25	反射波	8
コントローラ	68	バンドプラン	22
コントローラ・ケーブル	69	ビーム・アンテナ	45
彩の国 堂平山レピータ	107	光ファイバ	106

さ行

サブ・チャネル	23	ファームウェア・バージョン	68
サブバンド	67	フェージング	8
識別	16	符号化	8
指定事項	10	プリンス・ルート	92
自動応答機能	46	変換コネクタ	65
受信コールサイン・スピーチ	58, 70	変更申請	10
消費電流	69		

ま行

新幹線アクセス情報	92	マニュアル位置	38
信号強度	7	マルチパス	8
信号強度(S)	23	無線機名	15
シンプレックスQSO	112	無線局事項書	10
シンプレックス通信	21	無線局免許証票	10
推奨周波数	22	メインバンド	67
スタンバイ・ビープ	59, 70	メリット	23
セパレート・タイプ	68	メリット5	112
占有周波数帯域	7	モジュラ・コネクタ	68

や行

相互通信	26	夜間設定	72
送信時最大電流	69	山かけ	23
送信メッセージ	37		

ら行

ゾーン	27	了解度	7
ゾーン間通信	26	了解度(R)	23

た行

		連続送信制限機能	62
第一電波工業	107	ロールコール	52

わ行

ダウンリンク	77	ワンタッチ応答	35
ダブル・アクセス	77		
チャネル・チェック	23		
中継装置	23		
直線距離	45		
データスピード	50		
デュアルワッチ	67		
電波型式	10		
電波法関係審査基準	55		

著者プロフィール

JR1UTI
藤田 孝司(ふじた たかし)

1957年　茨城県古河市生まれ
1971年　茨城県古河市にてJR1UTIを開局(第1級アマチュア無線技士)

ひとこと紹介

現在はアパマン・ハムのため，小型アンテナで手軽に遠距離QSOが可能なD-STARにハマってしまい，ほかのバンド・モードは細々と運用している状態．
D-STAR講習会の講師や1エリアDVモード・シンプレックス・ロールコール(1DVRC)のKEY局もときどき担当している．
古河アマチュア無線クラブ，彩の国D-STAR HAM CLUB，砂町クラブに所属．

■ **本書に関する質問について**

文章，数式，写真，図などの記述上の不明点についての質問は，必ず往復はがきか返信用封筒を同封した封書でお願いいたします．勝手ながら，電話での問い合わせは応じかねます．質問は著者に回送し，直接回答していただくので多少時間がかかります．また，本書の記載範囲を超える質問には応じられませんのでご了承ください．

質問封書の郵送先

〒112-8619 東京都文京区千石4-29-14 CQ出版株式会社
「D-STAR通信がすぐわかる本」質問係 宛

● **本書記載の社名，製品名について** ── 本書に記載されている社名および製品名は，一般に開発メーカーの登録商標です．なお，本文中ではTM，®，©の各表示は明記していません．

● **本書記載記事の利用についての注意** ── 本書記載記事は著作権法により保護され，また産業財産権が確立されている場合があります．したがって，記事として掲載された技術情報をもとに製品化するには，著作権者および産業財産権者の許可が必要です．また，掲載された技術情報を利用することにより発生した損害などに関しては，CQ出版社および著作権者ならびに産業財産権者は責任を負いかねますのでご了承ください．

● **本書の複製などについて** ── 本書のコピー，スキャン，デジタル化などの無断複製は著作権法上での例外を除き，禁じられています．本書を代行業者などの第三者に依頼してスキャンやデジタル化することは，たとえ個人や家庭内の利用でも認められておりません．

JCOPY 〈(社)出版者著作権管理機構委託出版物〉
本書の全部または一部を無断で複写複製(コピー)することは，著作権法上での例外を除き，禁じられています．本書からの複製を希望される場合は，(社)出版者著作権管理機構(TEL：03-3513-6969)にご連絡ください．

D-STAR通信がすぐわかる本

2015年9月15日 初版発行
2015年12月1日 第2版発行

© 藤田 孝司 2015
(無断転載を禁じます)

著 者 藤 田 孝 司
発行人 小 澤 拓 治
発行所 CQ出版株式会社
〒112-8619 東京都文京区千石4-29-14
電話 編集 03-5395-2149
　　 販売 03-5395-2141
振替 00100-7-10665

乱丁，落丁本はお取り替えします
定価はカバーに表示してあります

編集担当者 甕岡 秀年
本文デザイン・DTP ㈱コイグラフィー
印刷・製本 三晃印刷㈱

ISBN978-4-7898-1584-0
Printed in Japan